Springer-Lehrbuch

Florian Scheck   Rainer Schöpf

MECHANIK MANUAL

Aufgaben mit Lösungen

Mit 38 Abbildungen

Springer-Verlag Berlin Heidelberg New York
London Paris Tokyo Hong Kong

Professor Dr. Florian Scheck
Dr. Rainer Schöpf
Fachbereich Physik, Institut für Physik
Johannes-Gutenberg-Universität, Postfach 39 80
D-6500 Mainz 1

ISBN 3-540-51211-X Springer-Verlag Berlin Heidelberg New York
ISBN 0-387-51211-X Springer-Verlag New York Berlin Heidelberg

CIP-Titelaufnahme der Deutschen Bibliothek
Scheck, Florian:
Mechanik Manual : Aufgaben mit Lösungen / Florian Scheck ; Rainer Schöpf. –
Berlin ; Heidelberg ; New York ; London ; Paris ; Tokyo ; Hong Kong : Springer, 1989
(Springer-Lehrbuch)
ISBN 3-540-51211-X (Berlin . . .) brosch.
ISBN 0-387-51211-X (New York . . .) brosch.
NE: Schöpf, Rainer:

Druck und Einband: Druckhaus Beltz, 6944 Hemsbach/Bergstr.
2156/3150-543210 – Gedruckt auf säurefreiem Papier

Vorwort

Mit diesem Übungsmanual legen wir eine Sammlung von Aufgaben zur klassischen Mechanik und deren Lösungen vor. Die meisten Aufgaben sind dem Lehrbuch „Mechanik — Von den Newtonschen Gesetzen zum deterministischen Chaos“ [12] entnommen, einige sind neu. Die ersteren sind wie dort durchnumeriert, die neuen Aufgaben sind dem jeweiligen Kapitel angefügt. Die meisten Aufgaben sind analytisch lösbar, einige lassen sich durch numerische Beispiele ergänzen oder müssen vollständig auf einem Rechner bearbeitet werden.

Im Hinblick auf diese zweite Sorte von Aufgabenstellungen geben wir kurze Beschreibungen der wichtigsten numerischen Methoden, die dafür erforderlich sind: Berechnung von Integralen, Suche nach Nullstellen einer Funktion einer Veränderlichen, numerische Integration von Differentialgleichungen, Erzeugung von Zufallszahlen auf einem Rechner. Alle diese Methoden sind einfach genug, daß man sie auf praktisch jedem Rechner, vom programmierbaren Taschenrechner bis zum Personalcomputer ohne größeren Aufwand anwenden kann, ganz gleich, welche Programmiersprache man benutzt.

Um den Leser nicht auf ein bestimmtes System festzulegen, haben wir im allgemeinen darauf verzichtet, die Programme anzugeben, die wir selbst (in BASIC und FORTRAN) geschrieben haben, oder dem Manual eine Diskette beizulegen. Ausnahmen sind das klassische Runge-Kutta-Verfahren zur Lösung von Differentialgleichungen und die Erzeugung von Zufallszahlen, für die Programme in einer PASCAL-ähnlichen Syntax angegeben sind. Wer wenig Erfahrung hat, dem raten wir, für jedes konkrete Problem zunächst ein Flußdiagramm aufzustellen, das die logische Abfolge der numerischen Rechnungen klarstellt, und dann diejenige Programmiersprache zu verwenden, die ihm oder ihr vertraut ist oder die geringsten Lernschwierigkeiten bereitet. Viele Programme kann man auch in der angegebenen Literatur finden. Die bei der Rechnung entstehenden Bilder lassen sich bei vielen Rechnern auf dem Bildschirm erzeugen und von dort auf einen Drucker übertragen. Oft genügt es aber auch, die numerischen Werte auszugeben und die Kurven ganz altmodisch von Hand auf Millimeterpapier aufzuzeichnen.

Bei gelegentlichen Verweisen auf einzelne Gleichungen oder Abschnitte des oben genannten Lehrbuchs haben wir diese durch ein vorangestelltes „M“ gekennzeichnet, also zum Beispiel Gl. (M3.33), Abschn. M6.5 usw. Die Numerierung der Gleichungen in diesem Manual erfolgt getrennt für jede Aufgabe. Da es wenig Querverweise zwischen verschiedenen Aufgaben gibt, wird es kaum Mißverständnisse geben. Schließlich enthält das Manual eine kurze Liste von Korrigenda der ersten Auflage des Lehrbuchs.

Wir hoffen, daß die Aufgaben, die sehr unterschiedliche Gebiete der Physik berühren, den Lesern und Leserinnen Spaß bereiten und zum tieferen Verständnis der klassischen Mechanik beitragen.

Noch eine Bemerkung zur Herstellung dieses Buches: Für den Schriftsatz wurde TEX mit dem Makropaket LATEX verwendet; die Schriftart ist Computer Modern 12pt, fotomechanisch auf 85% verkleinert.

Dem Springer Verlag, insbesondere Herrn Dr. H.-U. Daniel und Herrn C.-D. Bachem danken wir für die ausgezeichnete Zusammenarbeit.

Mainz, im Juli 1989 *Florian Scheck · Rainer Schöpf*

Inhaltsverzeichnis

1. Elementare Newtonsche Mechanik

AUFGABE

1.1 Der Bahndrehimpuls $\boldsymbol{l} = \boldsymbol{r} \times \boldsymbol{p}$ eines Teilchens sei erhalten, d. h. $d\boldsymbol{l}/dt = 0$. Beweise: Die Bewegung des Teilchens findet in einer Ebene statt, nämlich derjenigen Ebene, die von Anfangsort $\boldsymbol{r}_0$ und Anfangsimpuls $\boldsymbol{p}_0$ aufgespannt wird. Welche der in Abb. 1.1 gezeigten Bewegungen sind in diesem Falle möglich, welche nicht? (O gibt den Koordinatenursprung an.)

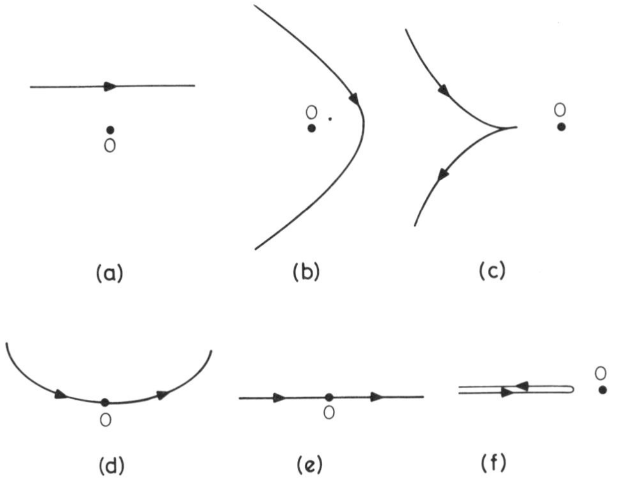

Abb. 1.1

Lösung: Es ist $\dot{\boldsymbol{l}} = \dot{\boldsymbol{r}} \times \boldsymbol{p} + \boldsymbol{r} \times \dot{\boldsymbol{p}} = m\dot{\boldsymbol{r}} \times \dot{\boldsymbol{r}} + \boldsymbol{r} \times \boldsymbol{K} = \boldsymbol{r} \times \boldsymbol{K}$. Nach Voraussetzung ist dies gleich Null, d. h. daß die Kraft $\boldsymbol{K}$ proportional zu $\boldsymbol{r}$ sein muß, $\boldsymbol{K} = \alpha \boldsymbol{r}$, $\alpha \in \mathbb{R}$. Zerlegt man die Geschwindigkeit in eine Komponente entlang $\boldsymbol{r}$ und eine senkrecht zu $\boldsymbol{r}$, so kann $\boldsymbol{K}$ nur die erste ändern, die zweite ist konstant. Die Bewegung findet daher in einer Ebene statt. Diese liegt senkrecht zum konstanten Drehimpuls $\boldsymbol{l} = m\boldsymbol{r}(t) \times \dot{\boldsymbol{r}}(t) = m\boldsymbol{r}_0(t) \times \boldsymbol{v}_0(t)$. Die Bewegungen (a), (b), (e) und (f) sind möglich. Die Bewegung (c) ist nicht möglich, weil $\boldsymbol{l}$ an der „Spitze" den Wert Null hätte, vorher und nachher aber nicht Null wäre. Die Bewegung (d) ist ebenfalls nicht möglich, weil $\boldsymbol{l}$ beim Durchgang durch den Ursprung den Wert Null durchlaufen würde, aber vorher und nachher nicht Null wäre.

AUFGABE

1.2 In der Bewegungsebene der Aufgabe 1.1 kann man Polarkoordinaten $\{r(t), \varphi(t)\}$ verwenden. Man berechne das Linienelement $(ds)^2 = (dx)^2 + (dy)^2$ in Polarkoordinaten, ebenso $\boldsymbol{v}^2 = \dot{x}^2 + \dot{y}^2$ und $\boldsymbol{l}^2$. Man drücke die kinetische Energie $T = m\boldsymbol{v}^2/2$ durch $\dot{r}(t)$ und $\boldsymbol{l}^2$ aus.

Lösung: Es ist $x(t) = r(t)\cos\varphi(t)$, $y(t) = r(t)\sin\varphi(t)$ und somit $dx = dr\cos\varphi - rd\varphi\sin\varphi$, $dy = dr\sin\varphi + rd\varphi\cos\varphi$. Bildet man $(ds)^2 = (dx)^2 + (dy)^2$, so fallen die gemischten Terme der Quadrate heraus und es bleibt $(ds)^2 = (dr)^2 + r^2(d\varphi)^2$. Daraus folgt $\boldsymbol{v}^2 = \dot{r}^2 + r^2\dot{\varphi}^2$. Die x- und y-Komponente von $\boldsymbol{l} = m\boldsymbol{r} \times \boldsymbol{v}$ verschwinden, da weder $\boldsymbol{r}$ noch $\boldsymbol{v}$ eine z-Komponente haben. Für die z-Komponente ergibt sich

$$\begin{aligned} l_z &= m(xv_y - yv_x) \\ &= mr(\dot{r}\sin\varphi\cos\varphi + r\dot{\varphi}\cos^2\varphi - \dot{r}\cos\varphi\sin\varphi + r\dot{\varphi}\sin^2\varphi) \\ &= mr^2\dot{\varphi}\,. \end{aligned}$$

Somit ist

$$\boldsymbol{v}^2 = \dot{r}^2 + \frac{\boldsymbol{l}^2}{m^2r^2} \quad \text{und} \quad T = \frac{1}{2}m\dot{r}^2 + \frac{\boldsymbol{l}^2}{2mr^2}\,.$$

Ist $\boldsymbol{l}$ konstant, so ist $r^2\dot{\varphi} = \text{const.}$ Dies gibt die quantitative Korrelation zwischen der Winkelgeschwindigkeit $\dot{\varphi}$ und dem Abstand r, z. B. für die Bilder (a), (b), (e) und (f) aus Aufgabe 1.1. Die Bewegung (d) könnte nur dann stattfinden, wenn $\dot{\varphi}$ bei Annäherung an O so nach Unendlich strebt, daß das Produkt $r^2\dot{\varphi}$ endlich bleibt. So etwas kommt (mit anderer Form der Bahn) tatsächlich vor, siehe Aufgabe 1.23.

AUFGABE

1.3 Für Bewegungen im $\mathbb{R}^3$ kann man kartesische Koordinaten $\boldsymbol{r}(t) = \{x(t), y(t), z(t)\}$ oder Kugelkoordinaten $\{r(t), \theta(t), \varphi(t)\}$ benutzen. Man berechne das infinitesimale Linienelement $(ds)^2 = (dx)^2 + (dy)^2 + (dz)^2$ in Kugelkoordinaten. Damit läßt sich der quadrierte Betrag der Geschwindigkeit $\boldsymbol{v}^2 = \dot{x}^2 + \dot{y}^2 + \dot{z}^2$ in diesen Koordinaten angeben.

Lösung: Analog zur Lösung der vorhergehenden Aufgabe ergibt sich $(ds)^2 = (dr)^2 + r^2(d\theta)^2 + r^2\sin^2\theta(d\varphi)^2$. Daher ist $\boldsymbol{v}^2 = \dot{r}^2 + r^2\dot{\theta}^2 + r^2\sin^2\theta\dot{\varphi}^2$.

AUFGABE

1.4 Es seien $\hat{\boldsymbol{e}}_x$, $\hat{\boldsymbol{e}}_y$, $\hat{\boldsymbol{e}}_z$ kartesische Einheitsvektoren, d. h. es gilt $\hat{\boldsymbol{e}}_x^2 = \hat{\boldsymbol{e}}_y^2 = \hat{\boldsymbol{e}}_z^2 = 1$, $\hat{\boldsymbol{e}}_x \cdot \hat{\boldsymbol{e}}_y = \hat{\boldsymbol{e}}_x \cdot \hat{\boldsymbol{e}}_z = \hat{\boldsymbol{e}}_y \cdot \hat{\boldsymbol{e}}_z = 0$ und $\hat{\boldsymbol{e}}_z = \hat{\boldsymbol{e}}_x \times \hat{\boldsymbol{e}}_y$ (zyklisch). Man führe drei zueinander orthogonale Einheitsvektoren $\hat{\boldsymbol{e}}_r$, $\hat{\boldsymbol{e}}_\varphi$, $\hat{\boldsymbol{e}}_\theta$ ein (s. Abb. 1.2). Aus der Geometrie dieser Figur lassen sich leicht $\hat{\boldsymbol{e}}_r$ und $\hat{\boldsymbol{e}}_\varphi$ bestimmen. Man bestätige, daß $\hat{\boldsymbol{e}}_r \cdot \hat{\boldsymbol{e}}_\varphi = 0$ ist. Für den dritten Vektor setze man $\hat{\boldsymbol{e}}_\theta = \alpha\hat{\boldsymbol{e}}_x + \beta\hat{\boldsymbol{e}}_y + \gamma\hat{\boldsymbol{e}}_z$

und bestimme die Koeffizienten α, β, γ so, daß $\hat{\boldsymbol{e}}_\theta^2 = 1$, $\hat{\boldsymbol{e}}_\theta \cdot \hat{\boldsymbol{e}}_\varphi = 0 = \hat{\boldsymbol{e}}_\theta \cdot \hat{\boldsymbol{e}}_r$. Man berechne $\boldsymbol{v} = \dot{\boldsymbol{r}} = d(r\hat{\boldsymbol{e}}_r)/(dt)$ in dieser Basis und daraus dann $\boldsymbol{v}^2$.

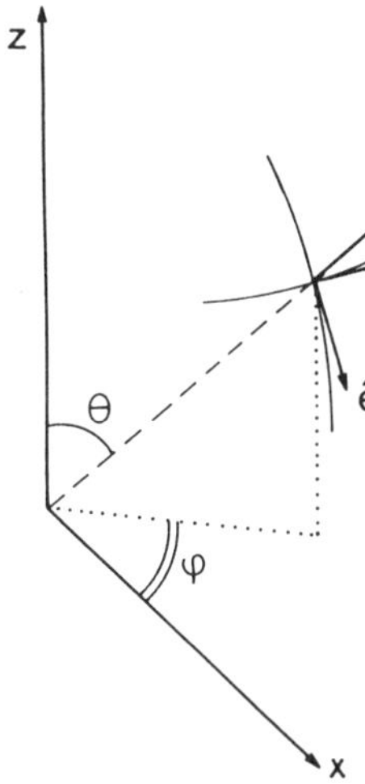

Abb. 1.2

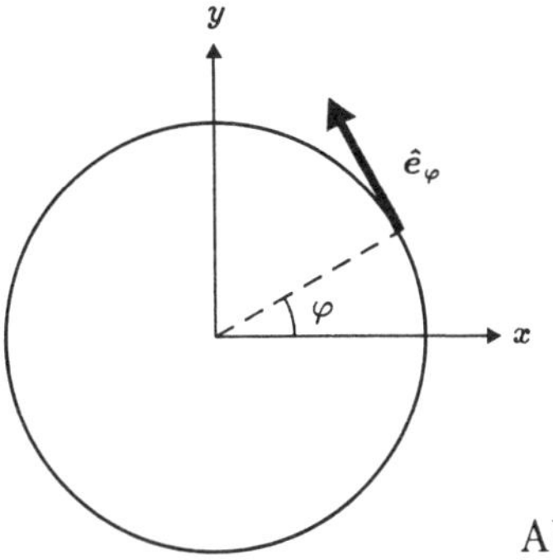

Abb. 1.3

Lösung: Mit der Erfahrung aus Aufgabe 1.3 liest man aus der Abbildung zunächst $\hat{\boldsymbol{e}}_r$ ab: $\hat{\boldsymbol{e}}_r = \hat{\boldsymbol{e}}_x \sin\theta\cos\varphi + \hat{\boldsymbol{e}}_y \sin\theta\sin\varphi + \hat{\boldsymbol{e}}_z\cos\theta$. $\hat{\boldsymbol{e}}_\varphi$ ist Tangentialvektor an einen Breitenkreis, am Punkt mit Azimuth φ, siehe Abb. 1.3. Daher ist $\hat{\boldsymbol{e}}_\varphi = -\hat{\boldsymbol{e}}_x \sin\varphi + \hat{\boldsymbol{e}}_y\cos\varphi$ (was man z. B. an den Spezialfällen $\varphi = 0$ und $\varphi = \pi/2$ bestätigen kann). Es ist also

$$\hat{\boldsymbol{e}}_r \cdot \hat{\boldsymbol{e}}_\varphi = -\sin\theta\cos\varphi\sin\varphi\,\hat{\boldsymbol{e}}_x \cdot \hat{\boldsymbol{e}}_x + \sin\theta\sin\varphi\cos\varphi\,\hat{\boldsymbol{e}}_y \cdot \hat{\boldsymbol{e}}_y = 0\,.$$

Man setzt $\hat{\boldsymbol{e}}_\theta$ wie angegeben an und bestimmt die Koeffizienten α, β, γ aus den Gleichungen

$$\begin{aligned}\hat{\boldsymbol{e}}_\theta \cdot \hat{\boldsymbol{e}}_r &= \alpha\sin\theta\cos\varphi + \beta\sin\theta\sin\varphi + \gamma\cos\theta = 0\,,\\ \hat{\boldsymbol{e}}_\theta \cdot \hat{\boldsymbol{e}}_\varphi &= -\alpha\sin\varphi + \beta\cos\varphi = 0\,,\end{aligned}$$

und beachtet, daß $\hat{\boldsymbol{e}}_\theta$ auf 1 normiert ist, d. h. daß $\alpha^2 + \beta^2 + \gamma^2 = 1$. Außerdem sagt die Abb. 1.2, daß für $\theta = 0$, $\varphi = 0$ $\hat{\boldsymbol{e}}_\theta = \hat{\boldsymbol{e}}_x$, für $\theta = 0$, $\varphi = \pi/2$ $\hat{\boldsymbol{e}}_\theta = \hat{\boldsymbol{e}}_y$ und bei $\theta = \pi/2$ stets $\hat{\boldsymbol{e}}_\theta = -\hat{\boldsymbol{e}}_z$ ist. Die Lösung der obigen Gleichungen, die das erfüllt, ist

$$\alpha = \cos\theta\cos\varphi\,, \quad \beta = \cos\theta\sin\varphi\,, \quad \gamma = -\sin\theta\,.$$

In dieser Basis gilt

$$\begin{aligned}\boldsymbol{v} = \dot{\boldsymbol{r}} &= \dot{r}\hat{\boldsymbol{e}}_r + r\dot{\hat{\boldsymbol{e}}}_r\\ &= \dot{r}\hat{\boldsymbol{e}}_r + r\big((\dot\theta\cos\theta\cos\varphi - \dot\varphi\sin\theta\sin\varphi)\hat{\boldsymbol{e}}_x\\ &\qquad + (\dot\theta\cos\theta\sin\varphi + \dot\varphi\sin\theta\cos\varphi)\hat{\boldsymbol{e}}_y - \dot\theta\sin\theta\hat{\boldsymbol{e}}_z\big)\\ &= \dot{r}\hat{\boldsymbol{e}}_r + r(\dot\theta\hat{\boldsymbol{e}}_\theta + \dot\varphi\sin\varphi\hat{\boldsymbol{e}}_\varphi)\,,\end{aligned}$$

und hieraus folgt das aus Aufgabe 1.3 schon bekannte Resultat $\boldsymbol{v}^2 = \dot{r}^2 + r^2(\dot\theta^2 + \dot\varphi^2\sin^2\varphi)$.

AUFGABE

1.5 Bezüglich des Inertialsystems **K** möge ein Teilchen sich gemäß $\boldsymbol{r}(t) = \boldsymbol{v}^0 t$ mit $\boldsymbol{v}^0 = \{0, v, 0\}$ bewegen. Man skizziere, wie dieselbe Bewegung von einem Koordinatensystem **K'** aus aussieht, das gegenüber **K** um den Winkel ϕ um dessen z-Achse gedreht ist,

$$\begin{aligned} x' &= x\cos\phi + y\sin\phi\,, \\ y' &= -x\sin\phi + y\cos\phi\,, \\ z' &= z \end{aligned}$$

für die Fälle $\phi = \omega$ und $\phi = \omega t$ (mit konstantem ω).

Lösung: Im System **K** gilt $\boldsymbol{r}(t) = vt\hat{\boldsymbol{e}}_y$, d.h. $x(t) = 0 = z(t)$ und $y(t) = vt$. Im drehenden System gilt

$$\begin{aligned} \dot{x}' &= \dot{x}\cos\phi + \dot{y}\sin\phi + \dot{\phi}(-x\sin\phi + y\cos\phi) \\ \dot{y}' &= -\dot{x}\sin\phi + \dot{y}\cos\phi - \dot{\phi}(x\cos\phi + y\sin\phi) \\ \dot{z}' &= \dot{z} = 0\,. \end{aligned}$$

Im ersten Fall, $\phi = \omega =$ konst., läuft das Teilchen gradlinig gleichförmig mit der Geschwindigkeit $\boldsymbol{v}' = (v\sin\omega, v\cos\omega, 0)$. Im zweiten Fall, $\phi = \omega t$, ist $\dot{x}' = v\sin\omega t + \omega vt\cos\omega t$, $\dot{y}' = v\cos\omega t - \omega vt\sin\omega t$, und hieraus folgt durch Integration: $x'(t) = vt\sin\omega t$, $y'(t) = vt\cos\omega t$, sowie $z'(t) = 0$. Die scheinbare Bewegung, wie sie ein Beobachter im beschleunigten System **K'** sieht, ist in Abb. 1.4 skizziert.

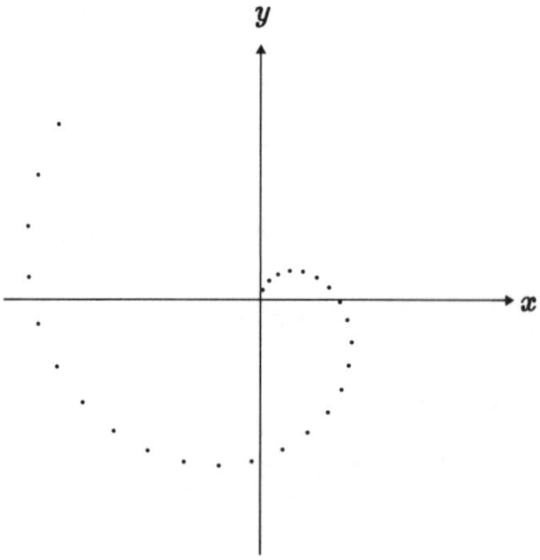

Abb. 1.4

AUFGABE

1.6 Ein Teilchen der Masse m sei einer Zentralkraft $\boldsymbol{F} = F(r)\boldsymbol{r}/r$ unterworfen. Zeige, daß der Drehimpuls $\boldsymbol{l} = m\boldsymbol{r} \times \dot{\boldsymbol{r}}$ nach Betrag und Richtung erhalten ist und daß die Bahnkurve in der zu $\boldsymbol{l}$ senkrechten Ebene liegt.

Lösung: Die Bewegungsgleichung des Teilchens lautet

$$m\ddot{\boldsymbol{r}} = \boldsymbol{F} = F(r)\frac{\boldsymbol{r}}{r} \, .$$

Wir bilden die Zeitableitung des Drehimpulses $\dot{\boldsymbol{l}} = m\dot{\boldsymbol{r}} \times \dot{\boldsymbol{r}} + m\boldsymbol{r} \times \ddot{\boldsymbol{r}}$. Der erste Summand verschwindet, der zweite ist wegen der Bewegungsgleichung gleich $mF(r)/r\boldsymbol{r} \times \boldsymbol{r}$ und verschwindet daher ebenfalls. Also ist $\dot{\boldsymbol{l}} = 0$, d. h. nach Betrag und Richtung erhalten. Wegen der Definition von $\boldsymbol{l}$ steht der Drehimpuls immer senkrecht auf $\boldsymbol{r}$ und der Geschwindigkeit $\dot{\boldsymbol{r}}$. Daher folgt die Behauptung.

AUFGABE

1.7 i) In einem N-Teilchensystem, in welchem nur innere Potentialkräfte wirken, hängen die Potentiale V_{ik} nur von Vektordifferenzen $\boldsymbol{r}_{ij} = \boldsymbol{r}_i - \boldsymbol{r}_j$ ab, nicht aber von den einzelnen Vektoren $\boldsymbol{r}_j$. Welche Größen sind in einem solchen System erhalten?

ii) Falls V_{ij} nur vom Betrag $|\boldsymbol{r}_{ij}|$ abhängt, so liegt die Kraft in der Verbindungslinie der Massenpunkte i und j. Man gebe ein weiteres Integral der Bewegung an.

Lösung: i) Das dritte Newtonsche Gesetz besagt, daß die Kräfte zweier Körper aufeinander entgegengesetzt gleich sind, d. h. $\boldsymbol{F}_{ik} = -\boldsymbol{F}_{ki}$, oder $-\nabla_i V_{ik}(\boldsymbol{r}_i, \boldsymbol{r}_k) = \nabla_k V_{ik}(\boldsymbol{r}_i, \boldsymbol{r}_k)$. Daher kann V_{ik} nur von $(\boldsymbol{r}_i - \boldsymbol{r}_k)$ abhängen. Die Erhaltungsgrößen sind: Gesamtimpuls $\boldsymbol{P}$, Energie E; außerdem gilt der Schwerpunktssatz

$$\boldsymbol{r}_S(t) - \boldsymbol{P}/Mt = \boldsymbol{r}_S(0) = \text{konst.}$$

ii) Hängt V_{ij} nur von $|\boldsymbol{r}_i - \boldsymbol{r}_k|$ ab, so ist

$$\begin{aligned} \boldsymbol{F}_{ij} &= -\nabla_i V_{ij}(|\boldsymbol{r}_i - \boldsymbol{r}_k|) = -V'_{ij}(|\boldsymbol{r}_i - \boldsymbol{r}_k|)\nabla_i|\boldsymbol{r}_i - \boldsymbol{r}_k| \\ &= -V'_{ij}(|\boldsymbol{r}_i - \boldsymbol{r}_k|)\frac{\boldsymbol{r}_i - \boldsymbol{r}_k}{|\boldsymbol{r}_i - \boldsymbol{r}_k|^3} \, . \end{aligned}$$

Als weitere Erhaltungsgröße erhalten wir den Gesamtdrehimpuls.

AUFGABE

1.8 Man skizziere das eindimensionale Potential

$$U(q) = -5qe^{-q} + q^{-4} + \frac{2}{q} \quad \text{für } q \geq 0$$

und die dazugehörigen Phasenkurven für ein Teilchen der Masse $m = 1$ als Funktion der Energie und des Anfangsortes q_0. Man diskutiere insbesondere die beiden Stabilitätspunkte. Warum sind die Phasenkurven bezüglich der x_1-Achse (bis auf die Durchlaufungsrichtung) symmetrisch?

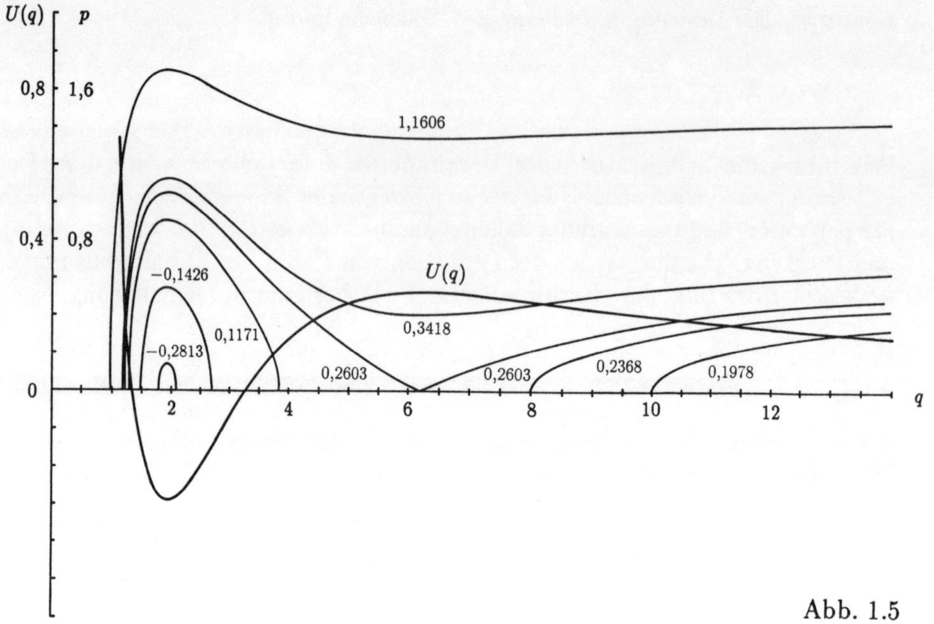

Abb. 1.5

Lösung: Das Potential geht für $q \to 0$ wie $1/q^4$ nach Unendlich, für $q \to \infty$ strebt es von oben nach Null. Dazwischen hat es zwei Extrema, wie in Abb. 1.5 gezeichnet. Da die Energie $E = p^2/2 + U(q)$ erhalten ist, kann man die Phasenportraits zu gegebenem E über $p = (2(E - U(q)))^{1/2}$ direkt zeichnen. Die Abbildung zeigt einige Beispiele. Das Minimum in der Nähe von $q = 2$ ist eine stabile Gleichgewichtslage, das Maximum oberhalb von $q = 6$ ist eine instabile Gleichgewichtslage. Die Bahnen mit $E \approx 0{,}2603$ sind Kriechbahnen. Die Phasenportraits sind bezüglich der q-Achse symmetrisch, weil mit $(q, p = +\sqrt{\ldots})$ auch $(q, p = -\sqrt{\ldots})$ zum selben Portrait gehört.

AUFGABE

1.9 Man betrachte zwei identische mathematische Pendel der Länge l und der Masse m, die über eine ideale Feder gekoppelt sind. Die Feder sei entspannt, wenn beide Pendel in ihrer Ruhelage sind. Für kleine Ausschläge gilt dann

$$E = \frac{1}{2m}\left(x_2^2 + x_4^2\right) + \frac{1}{2}m\omega_0^2\left(x_1^2 + x_3^2\right) + \frac{1}{2}m\omega_1^2\left(x_1 - x_3\right)^2$$

(mit $x_2 = m\dot{x}_1$, $x_4 = m\dot{x}_3$). Man identifiziere die einzelnen Terme dieser Gleichung. Man leite daraus die Bewegungsgleichungen im Phasenraum ab,

$$\frac{d\boldsymbol{x}}{dt} = \underset{\sim}{\boldsymbol{M}}\boldsymbol{x}\,.$$

Die Transformation

$$\boldsymbol{x} \to \boldsymbol{u} = \underset{\sim}{\boldsymbol{A}}\boldsymbol{x} \quad \text{mit} \quad \underset{\sim}{\boldsymbol{A}} = \frac{1}{\sqrt{2}}\begin{pmatrix} 1\!\!1 & 1\!\!1 \\ 1\!\!1 & -1\!\!1 \end{pmatrix} \quad \text{und} \quad 1\!\!1 = \begin{pmatrix} 1 & 0 \\ 0 & 1 \end{pmatrix}$$

entkoppelt die Gleichungen. Man schreibe die entstehenden Gleichungen dimensionslos und löse sie.

Lösung: Der Term $(x_2^2+x_4^2)/(2m)$ ist die gesamte kinetische Energie, während $U(x_1,x_3)=m(\omega_0^2(x_1^2+x_3^2)+\omega_1^2(x_1-x_3)^2)/2$ die potentielle Energie ist. Die auf Pendel 1 und 2 wirkenden Kräfte sind $-\partial U/\partial x_1$ bzw. $-\partial U/\partial x_3$, so daß das System der Bewegungsgleichungen folgendermaßen lautet:

$$\begin{pmatrix}\dot{x}_1\\ \dot{x}_2\\ \dot{x}_3\\ \dot{x}_4\end{pmatrix}=\begin{pmatrix}0 & 1/m & 0 & 0\\ -m(\omega_0^2+\omega_1^2) & 0 & m\omega_1^2 & 0\\ 0 & 0 & 0 & 1/m\\ m\omega_1^2 & 0 & -m(\omega_0^2+\omega_1^2) & 0\end{pmatrix}\begin{pmatrix}x_1\\ x_2\\ x_3\\ x_4\end{pmatrix},$$

oder kurz: $\dot{\underset{\sim}{x}}=\underset{\sim}{M}\underset{\sim}{x}$. Die angegebene Transformation bedeutet, daß

$$u_1=\frac{1}{\sqrt{2}}(x_1+x_3)\,,\quad u_2=\frac{1}{\sqrt{2}}(x_2+x_4)\,,$$
$$u_3=\frac{1}{\sqrt{2}}(x_1-x_3)\,,\quad u_4=\frac{1}{\sqrt{2}}(x_2-x_4)$$

ist, sie führt also auf Summe und Differenz der ursprünglichen Koordinaten bzw. Impulse. Man beachte, daß die Matrix $\underset{\sim}{M}$ die Struktur

$$\underset{\sim}{M}=\left(\begin{array}{c|c}\underset{\sim}{B} & \underset{\sim}{C}\\ \hline \underset{\sim}{C} & \underset{\sim}{B}\end{array}\right)$$

hat, wo $\underset{\sim}{B}$ und $\underset{\sim}{C}$ 2×2-Matrizen sind, und weiterhin, daß die angegebene Transformation $\underset{\sim}{A}$ eine Inverse besitzt, die sogar ihr gleich ist. Dann gilt

$$\frac{d\underset{\sim}{u}}{dt}=\underset{\sim}{A}\underset{\sim}{M}\underset{\sim}{A}^{-1}\underset{\sim}{u}\quad\text{mit } \underset{\sim}{A}^{-1}=\underset{\sim}{A}.$$

Man kann mit den 2×2-Untermatrizen in $\underset{\sim}{M}$ und $\underset{\sim}{A}$ so rechnen, als wären es Zahlen, so daß z. B.

$$\underset{\sim}{A}\underset{\sim}{M}\underset{\sim}{A}^{-1}=\underset{\sim}{A}\underset{\sim}{M}\underset{\sim}{A}=\left(\begin{array}{c|c}\underset{\sim}{B}+\underset{\sim}{C} & 0\\ \hline 0 & \underset{\sim}{B}+\underset{\sim}{C}\end{array}\right)\quad\text{mit}$$

$$\underset{\sim}{B}+\underset{\sim}{C}=\begin{pmatrix}0 & 1/m\\ -m\omega_0^2 & 0\end{pmatrix}\quad\text{und}$$

$$\underset{\sim}{B}-\underset{\sim}{C}=\begin{pmatrix}0 & 1/m\\ -m(\omega_0^2+2\omega_1^2) & 0\end{pmatrix}.$$

Das System ist jetzt in zwei unabhängige harmonische Oszillatoren aufgetrennt, die man wie gewohnt dimensionslos schreiben und lösen kann. Der erste hat als Schwingungsfrequenz $\omega^{(1)}=\omega_0$ (die beiden Pendel schwingen im Takt), der zweite hat die Frequenz $\omega^{(2)}=(\omega_0^2+2\omega_1^2)^{1/2}$, die beiden Pendel schwingen im

Gegentakt. Allgemein ist

$$u_1 = a_1 \cos(\omega^{(1)}t + \varphi_1)\,, \quad u_3 = a_2 \cos(\omega^{(2)}t + \varphi_2)\,.$$

Als Beispiel wählen wir die Anfangsbedingung

$$x_1(0) = a\,, \quad x_2(0) = 0\,, \quad x_3(0) = 0\,, \quad x_4(0) = 0\,,$$

d. h. ein Pendel ist ausgelenkt, das andere nicht, beide haben Geschwindigkeit Null. Das erreicht man mit $a_2 = a_1 = a/\sqrt{2}$, $\varphi_1 = \varphi_2 = 0$. Es folgt

$$x_1(t) = a \cos \frac{\omega^{(1)} + \omega^{(2)}}{2} t \cos \frac{\omega^{(2)} - \omega^{(1)}}{2} t = a \cos \Omega t \cos \omega t\,,$$

$$x_3(t) = a \sin \frac{\omega^{(1)} + \omega^{(2)}}{2} t \sin \frac{\omega^{(2)} - \omega^{(1)}}{2} t = a \sin \Omega t \sin \omega t\,,$$

wo wir $\Omega := (\omega^{(1)} + \omega^{(2)})/2$, $\omega := (\omega^{(2)} - \omega^{(1)})/2$ gesetzt haben. Ist $\Omega/\omega = p/q$ rational (mit $p, q \in \mathbb{Z}$, $p > q$), so kehrt das System bei $t = 2\pi p/\Omega = 2\pi q/\omega$ zur Anfangskonfiguration zurück. Dazwischen gilt folgendes: Bei $t = \pi p/(2\Omega)$ hat das zweite Pendel den Ausschlag $x_3 = a$, während das erste in der Ruhelage $x_1 = 0$ ist; bei $t = \pi p/\Omega$ ist $x_1 = -a$, $x_3 = 0$; bei $t = 3\pi p/\Omega$ ist $x_1 = 0$, $x_3 = -a$. Die Bewegung oszilliert zwischen den beiden Pendeln hin und her. Ist Ω/ω dagegen nicht rational, so kommt das System zu späteren Zeiten in die Nähe der Anfangskonfiguration zurück, ohne sie jedoch exakt anzunehmen (siehe auch Aufgabe 6.2). Im betrachteten Beispiel ist dies dann der Fall, wenn $\Omega t \approx 2\pi n$, $\omega t \approx 2\pi m$ ($n, m \in \mathbb{Z}$) erreicht werden kann, d. h. wenn Ω/ω hinreichend genau durch das Verhältnis zweier Zahlen dargestellt werden kann. Diese beiden Zahlen können sehr groß, d. h. die Zeit bis zur „Wiederkehr" sehr lang sein.

AUFGABE

1.10 Die eindimensionale harmonische Schwingung genügt der Differentialgleichung

$$m\ddot{x}(t) = -\lambda x(t)\,, \tag{1}$$

wo m die träge Masse, λ eine positive Konstante und $x(t)$ die Auslenkung von der Ruhelage bedeuten. Man kann (1) daher auch als

$$\ddot{x} + \omega^2 x = 0\,, \quad \omega^2 := \lambda/m \tag{2}$$

schreiben. Man löse die Differentialgleichung (2) vermittels des Ansatzes $x(t) = a\cos(\mu t) + b\sin(\mu t)$ mit der Bedingung, daß Auslenkung und Impuls die Anfangswerte

$$x(0) = x_0 \quad \text{und} \quad p(0) = m\dot{x}(0) = p_0 \tag{3}$$

haben sollen. Es werden $x(t)$ als Abszisse und $p(t)$ als Ordinate in einem kartesischen Koordinatensystem aufgetragen. Man zeichne den entstehenden Graphen für $\omega = 0{,}8$, der durch den Punkt $x_0 = 1$, $p_0 = 0$ geht.

Lösung: Die Differentialgleichung ist linear, die beiden Anteile des Ansatzes sind Lösungen genau dann, wenn $\mu = \omega$ gewählt wird. Die Zahlen a und b sind Integrationskonstanten, die durch die Anfangsbedingung wie folgt festgelegt werden:

$$\begin{aligned} x(t) &= a \cos \omega t + b \sin \omega t \,, \\ p(t) &= -am\omega \sin \omega t + mb\omega \cos \omega t \,. \end{aligned}$$

$x(0) = x_0$ ergibt $a = x_0$, $p(0) = p_0$ ergibt $b = p_0/m\omega$. Die spezielle Lösung mit $\omega = 0{,}8$, $x_0 = 1$, $p_0 = 0$ ist $x(t) = \cos 0{,}8\,t$.

AUFGABE

1.11 Zur harmonischen Schwingung der Aufgabe 1.10 werde eine schwache Reibungskraft hinzugefügt, so daß die Bewegungsgleichung jetzt

$$\ddot{x} + \kappa \dot{x} + \omega^2 x = 0$$

lautet. „Schwach“ soll heißen: $\kappa < 2\omega$.

Man löse die Differentialgleichung vermöge des Ansatzes

$$x(t) = e^{\alpha t}(x_0 \cos \tilde{\omega} t + (p_0/m\tilde{\omega}) \sin \tilde{\omega} t) \,,$$

wobei (x_0, p_0) wieder die Anfangskonfiguration ist. Man zeichne den entstehenden Graphen $(x(t), p(t))$ für $\omega = 0{,}8$, der durch $(x_0 = 1, p_0 = 0)$ geht.

Lösung: Mit dem angegebenen Ansatz folgt

$$\begin{aligned} \dot{x}(t) &= \alpha x(t) + e^{\alpha t}(-\tilde{\omega} x_0 \sin \tilde{\omega} t + p_0/m \cos \tilde{\omega} t) \\ \ddot{x}(t) &= \alpha^2 x(t) + 2\alpha e^{\alpha t}(-\tilde{\omega} x_0 \sin \tilde{\omega} t + p_0/m \cos \tilde{\omega} t) \\ &\quad - e^{\alpha t} \tilde{\omega}^2 (x_0 \cos \tilde{\omega} t + p_0/m\tilde{\omega} \sin \tilde{\omega} t) \\ &= -\alpha^2 x + 2\alpha \dot{x} - \tilde{\omega}^2 x \,. \end{aligned}$$

Nach Einsetzen und Vergleich der Koeffizienten ergibt sich

$$\alpha = -\frac{\kappa}{2} \,, \quad \tilde{\omega} = \sqrt{\omega^2 - \alpha^2} = \sqrt{\omega^2 - \kappa^2/4} \,.$$

Die spezielle Lösung $x(t) = e^{-\kappa t/2} \cos \sqrt{0{,}64 - \kappa^2/4}\, t$ läuft für $t \to \infty$ spiralförmig in den Ursprung.

AUFGABE

1.12 Ein Massenpunkt der Masse m bewegt sich in einem stückweise konstanten Potential (siehe Abb. 1.6)

$$U = \begin{cases} U_1 & \text{für} \quad x < 0 \\ U_2 & \text{für} \quad x > 0 \end{cases} .$$

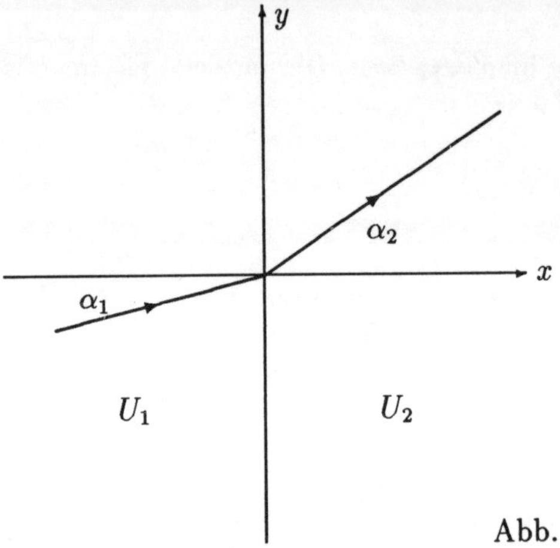

Abb. 1.6

Beim Übergang vom Gebiet $x < 0$, in dem der Massenpunkt die Geschwindigkeit $\boldsymbol{v}_1$ besitzt, zum Gebiet $x > 0$ ändert er seine Geschwindigkeit (Betrag und Richtung). Man drücke den Wert von U_2 durch die Größen U_1, v_1, α_1 und α_2 aus. Man gebe an, wie sich die Winkel α_1 und α_2 zueinander verhalten, falls (i) $U_1 < U_2$, (ii) $U_1 > U_2$ gilt. Man stelle den Zusammenhang zum Brechungsgesetz der geometrischen Optik her.

Anleitung: Man stelle den Energiesatz auf und zeige ferner, daß eine Impulskomponente sich beim Übergang von $x < 0$ nach $x > 0$ nicht ändert.

Lösung: Wir stellen den Energiesatz in beiden Gebieten auf:

$$\frac{m}{2}\boldsymbol{v}_1^2 + U_1 = E = \frac{m}{2}\boldsymbol{v}_2^2 + U_2 .$$

Da das Potential U nur von x abhängt, können keine Kräfte senkrecht zur x-Achse wirken; also ändert sich die Impulskomponente senkrecht zur x-Achse beim Übergang von $x < 0$ zu $x > 0$ nicht: $v_{1\perp} = v_{2\perp}$. Der Energiesatz lautet also

$$\frac{m}{2}\boldsymbol{v}_{1\perp}^2 + \frac{m}{2}\boldsymbol{v}_{1\|} + U_1 = \frac{m}{2}\boldsymbol{v}_{2\perp}^2 + \frac{m}{2}\boldsymbol{v}_{2\|} + U_2 , \quad \text{oder}$$

$$\frac{m}{2}\boldsymbol{v}_{1\|} + U_1 = \frac{m}{2}\boldsymbol{v}_{2\|} + U_2 .$$

Aus der Abbildung erkennt man, daß

$$\sin^2\alpha_1 = \frac{v_{1\perp}^2}{\boldsymbol{v}_1^2} , \quad \sin^2\alpha_2 = \frac{v_{2\perp}^2}{\boldsymbol{v}_2^2} , \quad \text{woraus unmittelbar}$$

$$\frac{\sin \alpha_1}{\sin \alpha_2} = \frac{|\boldsymbol{v}_2|}{|\boldsymbol{v}_1|}$$

folgt. Für $U_1 < U_2$ ist $|\boldsymbol{v}_1| > |\boldsymbol{v}_2|$, also $\alpha_1 < \alpha_2$; für $U_2 > U_1$ ist es genau umgekehrt.

AUFGABE

1.13 In einem System aus drei Massenpunkten m_1, m_2 und m_3 sei S_{12} der Schwerpunkt von 1 und 2, S der Gesamtschwerpunkt. Neben den Schwerpunktskoordinaten $\boldsymbol{r}_S$ führe man die Relativkoordinaten $\boldsymbol{s}_a$ und $\boldsymbol{s}_b$ ein (siehe Abb. 1.7). Man drücke die Ortskoordinaten $\boldsymbol{r}_1$, $\boldsymbol{r}_2$ und $\boldsymbol{r}_3$ durch $\boldsymbol{r}_S$, $\boldsymbol{s}_a$ und $\boldsymbol{s}_b$ aus. Man berechne die kinetische Energie als Funktion dieser neuen Koordinaten und deute die erhaltene Formel. Man schreibe den totalen Drehimpuls $\sum_i \boldsymbol{l}_i$ als Funktion der neuen Koordinaten und zeige, daß $\sum_i \boldsymbol{l}_i = \boldsymbol{l}_S + \boldsymbol{l}_a + \boldsymbol{l}_b$, wo $\boldsymbol{l}_S$ der Drehimpuls des Schwerpunktes, $\boldsymbol{l}_a$ und $\boldsymbol{l}_b$ Relativdrehimpulse sind. Behauptung: $\boldsymbol{l}_S$ hängt von der Wahl des Inertialsystems ab, die Relativdrehimpulse dagegen nicht. Man zeige dies, indem man eine Galileitransformation $\boldsymbol{r}' = \boldsymbol{r} + \boldsymbol{w}t + \boldsymbol{a}$, $t' = t + s$ betrachtet.

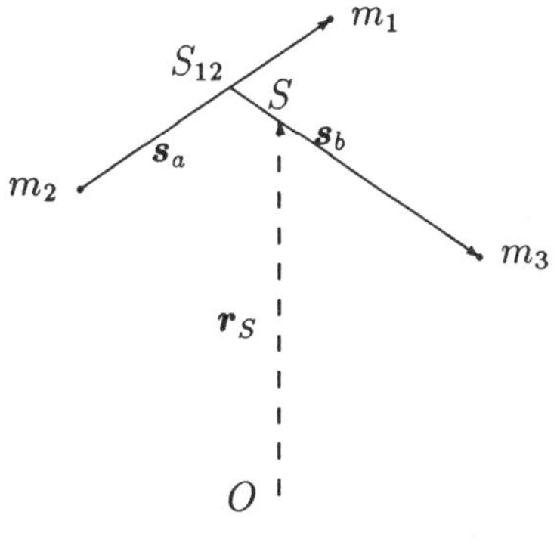

Abb. 1.7

Lösung: Wir bezeichnen mit $M := m_1 + m_2 + m_3$ die Gesamtmasse, und $m_{12} := m_1 + m_2$. Aus der Abbildung entnimmt man die Beziehungen $\boldsymbol{r}_2 + \boldsymbol{s}_a = \boldsymbol{r}_1$, $\boldsymbol{s}_{12} + \boldsymbol{s}_b = \boldsymbol{r}_3$, wobei $\boldsymbol{s}_{12}$ die Koordinate des Schwerpunktes der Teilchen 1 und 2 ist. Löst man dies nach $\boldsymbol{r}_1$, $\boldsymbol{r}_2$, $\boldsymbol{r}_3$ auf, so ergibt sich

$$\boldsymbol{r}_1 = \boldsymbol{r}_S - \frac{m_3}{M} s_b + \frac{m_2}{m_{12}} s_a ,$$
$$\boldsymbol{r}_2 = \boldsymbol{r}_S - \frac{m_3}{M} s_b - \frac{m_1}{m_{12}} s_a ,$$
$$\boldsymbol{r}_3 = \boldsymbol{r}_S + \frac{m_{12}}{M} s_b .$$

Dies kann man in die kinetische Energie einsetzen. Alle gemischten Terme $\dot{\boldsymbol{r}}_S \cdot \dot{\boldsymbol{s}}_a$, $\dot{\boldsymbol{s}}_a \cdot \dot{\boldsymbol{s}}_b$, etc. heben sich heraus. Es bleiben die folgenden in $\dot{\boldsymbol{r}}_S$, $\dot{\boldsymbol{s}}_a$, $\dot{\boldsymbol{s}}_b$ quadratischen Ausdrücke

$$T = \underbrace{\frac{1}{2}M\dot{\boldsymbol{r}}_S^2}_{T_S} + \underbrace{\frac{1}{2}\mu_a\dot{\boldsymbol{s}}_a^2}_{T_a} + \underbrace{\frac{1}{2}\mu_b\dot{\boldsymbol{s}}_b^2}_{T_b} \quad \text{mit} \quad \mu_a = \frac{m_1 m_2}{m_{12}}\,, \quad \mu_b = \frac{m_{12}m_3}{M}\,.$$

T_S ist die kinetische Energie der Schwerpunktsbewegung, μ_a ist die reduzierte Masse des Untersystems aus Teilchen 1 und 2, T_a die zugehörige kinetische Energie der Relativbewegung von 1 und 2. μ_b ist die reduzierte Masse des Untersystems aus Teilchen 3 und dem Schwerpunkt S_{12} von 1 und 2, T_b die kinetische Energie der Relativbewegung von Teilchen 3 und S_{12}.

Für den Drehimpuls erhalten wir analog

$$\boldsymbol{L} = \sum_i \boldsymbol{l}_i = \underbrace{M\boldsymbol{r}_S \times \dot{\boldsymbol{r}}_S}_{\boldsymbol{l}_S} + \underbrace{\mu_a\boldsymbol{s}_a \times \dot{\boldsymbol{s}}_a}_{\boldsymbol{l}_b} + \underbrace{\mu_b\boldsymbol{s}_b \times \dot{\boldsymbol{s}}_b}_{\boldsymbol{l}_b}\,,$$

alle gemischten Terme $\boldsymbol{r}_S \times \dot{\boldsymbol{s}}_a$, usw., heben sich wieder heraus.

Unter einer (eigentlichen) Galileitransformation (ohne Drehung) folgt $\boldsymbol{r}_S \to \boldsymbol{r}'_S = \boldsymbol{r}_S + \boldsymbol{w}t + \boldsymbol{a}$, $\dot{\boldsymbol{r}}_S \to \dot{\boldsymbol{r}}'_S = \dot{\boldsymbol{r}}_S + \boldsymbol{w}$, $\boldsymbol{s}_a \to \boldsymbol{s}_a$, $\boldsymbol{s}_b \to \boldsymbol{s}_b$ und somit

$$\boldsymbol{l}'_S = \boldsymbol{l}_S + M(\boldsymbol{a} \times (\dot{\boldsymbol{r}}_S + \boldsymbol{w}) + (\boldsymbol{r}_S - t\dot{\boldsymbol{r}}_S) \times \boldsymbol{w})\,,$$

während $\boldsymbol{l}'_a = \boldsymbol{l}_a$ und $\boldsymbol{l}'_b = \boldsymbol{l}_b$ sich nicht ändern.

AUFGABE

1.14 Das Potential $U(r)$ sei eine homogene Funktion der Koordinaten (x, y, z) vom Grade α, d. h. $U(\lambda r) = \lambda^\alpha U(r)$.

i) Zeige: Transformiert man $\boldsymbol{r} \to \lambda\boldsymbol{r}$ und $t \to \mu t$ und wählt man $\mu = \lambda^{1-\alpha/2}$, so erhält die Energie den Faktor λ^α. Die Bewegungsgleichungen bleiben ungeändert.

Schlußfolgerung: Die Bewegungsgleichung hat geometrisch ähnliche Lösungen, d. h. für ähnliche Bahnen (a) und (b) gilt für die Zeitdifferenzen zwischen entsprechenden Bahnpunkten $(\Delta t)_a$ und $(\Delta t)_b$ und für die entsprechenden linearen Abmessungen L_a und L_b:

$$\frac{(\Delta t)_b}{(\Delta t)_a} = \left(\frac{L_b}{L_a}\right)^{1-\alpha/2}\,.$$

ii) Welche Konsequenzen hat dieser Zusammenhang für

- die Periode der harmonischen Schwingung?
- den Zusammenhang zwischen Fallzeit und Fallhöhe in der Nähe der Erdoberfläche?
- den Zusammenhang zwischen Umlaufzeiten der Planeten und den großen Halbachsen ihrer Bahnellipsen?

iii) Wie verhalten sich die Energien zweier ähnlicher Bahnen zueinander für

- die harmonische Schwingung?
- das Keplerproblem?

Lösung: i) Mit $U(\lambda \boldsymbol{r}) = \lambda^\alpha U(\boldsymbol{r})$ und $\boldsymbol{r}' = \lambda \boldsymbol{r}$ unterscheiden sich die Kräfte zum Potential $\tilde{U}(\boldsymbol{r}') := U(\lambda \boldsymbol{r})$ und zum Potential $U(\boldsymbol{r})$ um den Faktor $\lambda^{\alpha-1}$, denn

$$\boldsymbol{K}' = -\nabla_{\boldsymbol{r}'}\tilde{U} = -\frac{1}{\lambda}\nabla_{\boldsymbol{r}}\tilde{U} = -\lambda^{\alpha-1}\nabla_{\boldsymbol{r}}U = -\lambda^{\alpha-1}\boldsymbol{K}\,.$$

Integriert man $\boldsymbol{K}' \cdot d\boldsymbol{r}'$ über einen Weg im $\boldsymbol{r}'$-Raum und vergleicht mit dem entsprechenden Integral über $\boldsymbol{K} \cdot d\boldsymbol{r}$, so unterscheiden sich die entsprechenden Arbeiten um den Faktor λ^α. Ändert man noch t in $t' = \lambda^{1-\alpha/2}t$ ab, so ist

$$\left(\frac{d\boldsymbol{r}'}{dt'}\right)^2 = \lambda^2\lambda^{\alpha-2}\left(\frac{d\boldsymbol{r}}{dt}\right)^2 ,$$

d. h. die kinetische Energie

$$T = \frac{1}{2}m\left(\frac{d\boldsymbol{r}'}{dt'}\right)^2$$

unterscheidet sich von der ursprünglichen ebenfalls um den Faktor λ^α. Somit gilt dies auch für die Gesamtenergie, $E' = \lambda^\alpha E$. Es folgt unter anderem die angegebene Relation zwischen den Zeitdifferenzen und linearen Abmessungen geometrisch ähnlicher Bahnen.

ii) Für die harmonische Schwingung gilt die Voraussetzung mit $\alpha = 2$. Das Verhältnis der Perioden zweier geometrisch ähnlicher Bahnen ist $(T)_a/(T)_b = 1$, unabhängig von den linearen Abmessungen.

Im konstanten Schwerefeld ist $U(z) = mgz$ und somit $\alpha = 1$. Fallzeit T und Anfangshöhe H hängen über $T \propto H^{1/2}$ zusammen.

Im Keplerproblem ist $U = -A/r$ und somit $\alpha = -1$. Zwei geometrisch ähnliche Ellipsen mit Halbachsen a_a und a_b haben den Umfang U_a bzw. U_b, und es ist $U_a/U_b = a_a/a_b$. Für die Perioden T_a und T_b gilt somit $T_a/T_b = (U_a/U_b)^{3/2}$ oder $(T_a/T_b)^2 = (U_a/U_b)^3$. Das ist die Aussage des dritten Keplerschen Gesetzes.

iii) Allgemein gilt $E_a/E_b = (L_a/L_b)^\alpha$, bei harmonischen Schwingungen also $E_a/E_b = A_a^2/A_b^2$, wenn A_i die Amplituden sind. Beim Keplerproblem ist $E_a/E_b = a_b/a_a$, die Energie ist umgekehrt proportional zur großen Halbachse.

AUFGABE

1.15 i) Man zeige, daß die Differentialgleichung des Keplerproblems in ebenen Polarkoordinaten für $\phi = \phi(r)$ im Falle finiter Bahnen folgende Form hat:

$$\frac{d\phi}{dr} = \frac{1}{r}\left(\frac{r_P r_A}{(r-r_P)(r_A-r)}\right)^{1/2} , \tag{1}$$

wo r_P und r_A den Perihel- und den Aphelabstand bedeuten. Berechne r_P und r_A und integriere (1) mit der Randbedingung $\phi(r_P) = 0$.

ii) Das Potential werde jetzt in $U(r) = (-A/r) + (B/r^2)$ abgeändert, wobei $|B| \ll l^2/2\mu$ sein soll. Man bestimme die neuen Perihel- und Aphelabstände r'_P, r'_A und schreibe die Differentialgleichung für $\phi(r)$ in der zu (1) analogen Form. Diese Gleichung integriere man (analog zu (i)) und bestimme zwei aufeinanderfolgende Perihelkonstellationen für $B > 0$ und $B < 0$. Hinweis:

$$\frac{d}{dx}(\arccos(\alpha/x + \beta)) = \frac{\alpha}{x}\frac{1}{\sqrt{(1-\beta^2)x^2 - 2\alpha\beta x - \alpha^2}} .$$

Lösung: i) Aus Gleichung (M1.71) erhalten wir

$$r_P = \frac{p}{1+\varepsilon} = -\frac{A}{2E}\frac{1-\varepsilon^2}{1+\varepsilon} = -\frac{A}{2E}(1-\varepsilon) ; \quad r_A = -\frac{A}{2E}(1+\varepsilon) .$$

Daraus berechnen wir

$$r_P + r_A = -\frac{A}{E} , \quad r_P \cdot r_A = \frac{A^2}{4E^2}(1-\varepsilon^2) = \frac{l^2}{-2\mu E} .$$

Setzen wir dies in die in der Aufgabe angegebene Gleichung ein, so erhalten wir

$$\frac{d\phi}{dr} = \frac{l}{r^2\sqrt{2\mu\left(E + \frac{A}{r} - \frac{l^2}{2\mu r^2}\right)}} .$$

Dies ist genau Gleichung (M1.63) mit dem entsprechenden Potential. Integration der Gl. (1) mit der angegebenen Randbedingung bedeutet

$$\phi(r) - \phi(r_P) = \int_{r_P}^{r} \frac{1}{r}\left(\frac{r_P r_A}{(r-r_P)(r_A-r)}\right)^{1/2} dr .$$

Wir benutzen die angegebene Formel mit

$$\alpha = 2\frac{r_A r_P}{r_A - r_P} , \quad \beta = -\frac{r_A + r_P}{r_A - r_P} ,$$

und erhalten

$$\phi(r) = \arccos\frac{2r_A r_P - (r_A + r_P)r}{(r_A - r_P)r} .$$

ii) Wir haben zwei Möglichkeiten, diese Aufgabe zu behandeln: Die neuen Gleichungen ergeben sich, indem man l^2 durch $\bar{l}^2 = l^2 + 2\mu B$ ersetzt. Ansonsten ist die exakte Lösung dieselbe wie im Keplerproblem. Ist $B > 0$ ($B < 0$), so ist $\bar{l} > l$ ($\bar{l} < l$), d. h. bei Abstoßung (Anziehung) vergrößert (verkleinert) sich die Bahn.

Andererseits kann man für $U(r) = U_0(r) + B/r^2$ (mit $U_0(r) = -A/r$) die Differentialgleichung für $\phi(r)$ in derselben Form wie oben schreiben:

$$\frac{d\phi}{dr} = \frac{\sqrt{r_A r_P}}{r\sqrt{(r-r'_P)(r'_A-r)}} ,$$

wobei r'_P, r'_A Perihel- und Aphelabstand im gestörten Potential $U(r)$ bedeuten und durch die Gleichung $(r - r_P)(r_A - r) + B/E = (r - r'_P)(r'_A - r)$

gegeben sind. Diese Differentialgleichung multipliziert man mit dem Faktor $((r'_P r'_A)/(r_P r_A))^{1/2}$, integriert sie wie oben und erhält

$$\phi(r) = \sqrt{\frac{r_P r_A}{r'_P r'_A}} \arccos \frac{2r'_A r'_P - r(r'_A + r'_P)}{r(r'_A - r'_P)} .$$

Daraus folgt $r(\phi) = 2r'_P r'_A/(r_{P'} + r'_A + (r'_A - r'_P)\cos(r'_P r'_A)/(r_P r_A)\phi)$. Den ersten Periheldurchgang haben wir nach $\Phi_{P1} = 0$ gelegt. Der zweite liegt bei $\phi_{P2} = 2\pi((r_P r_A)/(r'_P r'_A))^{1/2} = 2\pi(1 - 2\mu b/(l^2 + 2\mu B))^{1/2} = 2\pi l/\sqrt{l^2 + 2\mu B} \approx 2\pi(1 - \mu B/l^2)$. Die Periheldrehung ist $(\phi_{P2} - 2\pi)$; sie ist unabhängig von der Energie E. Für $B > 0$ (zusätzliche Abstoßung) hinkt die Bewegung gegenüber dem Keplerfall nach, für $B < 0$ (zusätzliche Anziehung) eilt sie voraus.

AUFGABE

1.16 In der Bahnebene lautet die allgemeine Lösung des Keplerproblems

$$r(\phi) = \frac{p}{1 + \varepsilon \cos\phi} .$$

Dabei ist r der Betrag der Relativkoordinate $\boldsymbol{r}$, ϕ der Polarwinkel. Die Parameter sind durch

$$A = G m_1 m_2 , \quad p = \frac{l^2}{\mu} , \quad \mu = \frac{m_1 m_2}{m_1 + m_2} , \quad \varepsilon = \sqrt{1 + \frac{2El^2}{\mu A^2}}$$

gegeben. Welche Werte kann die Energie für vorgegebenen Drehimpuls annehmen? Mit der Annahme $m_{\text{Sonne}} \gg m_{\text{Erde}}$ berechne man die große Halbachse der Erdbahn.

$$\begin{aligned} G &= 6{,}672 \times 10^{-11}\,\mathrm{m^3 kg^{-1} s^{-2}} , \\ m_{\text{Sonne}} &= 1{,}989 \times 10^{30}\,\mathrm{kg} , \\ m_{\text{Erde}} &= 5{,}97 \times 10^{24}\,\mathrm{kg} . \end{aligned}$$

Man berechne die große Halbachse der Ellipse, auf der die Sonne sich um den gemeinsamen Schwerpunkt Sonne–Erde bewegt, und vergleiche mit dem Sonnenradius.

Lösung: Für festes l muß $E \geq -\mu A^2/(2l^2)$ sein. Der untere Grenzwert liegt für die Kreisbahnen mit Radius $r_0 = l^2/\mu A$ vor. Die große Halbachse in der Relativbewegung folgt aus dem dritten Keplerschen Gesetz $a^3 = G_N(m_E + m_S)T^2/(4\pi^2)$ mit $T = 1\,\text{Jahr} = 3{,}1536 \times 10^7\,\mathrm{s}$ zu $a = 1{,}495 \times 10^{11}\,\mathrm{m}$. Das ist praktisch gleich a_E, der großen Halbachse der Erdbahn im Schwerpunktsystem. Die Sonne durchläuft eine Ellipse mit großer Halbachse

$$a_S = \frac{m_E}{m_E + m_S}\, a \approx 449\,\mathrm{km}.$$

Dies ist weit innerhalb des Sonnenradius $R_S \approx 7 \times 10^5\,\mathrm{km}$.

AUFGABE

1.17 Man bestimme die Wechselwirkung zweier elektrischer Dipole $\boldsymbol{p}_1$ und $\boldsymbol{p}_2$ als Beispiel für nichtzentrale Potentialkräfte. Man berechnet zunächst das Potential eines einzelnen Dipols $\boldsymbol{p}_1$ und benutzt dabei folgende Näherung: Der Dipol $\boldsymbol{p}_1$ besteht aus zwei Ladungen $\pm e_1$ im Abstand $\boldsymbol{d}_1$. Man läßt e_1 nach Unendlich, $|\boldsymbol{d}_1|$ nach Null gehen, so daß $\boldsymbol{p}_1 = \boldsymbol{d}_1 e_1$ konstant bleibt. Dann berechnet man die potentielle Energie eines endlichen Dipols $\boldsymbol{p}_2$ im oben berechneten Dipolfeld und geht zum Grenzfall $\pm e_2 \to \infty$, $|\boldsymbol{d}_2| \to 0$ und $\boldsymbol{p}_2 = \boldsymbol{d}_2 e_2$ fest über. Man berechne die Kräfte $\boldsymbol{K}_{12}$, $\boldsymbol{K}_{21}$, die die beiden Dipole aufeinander ausüben.

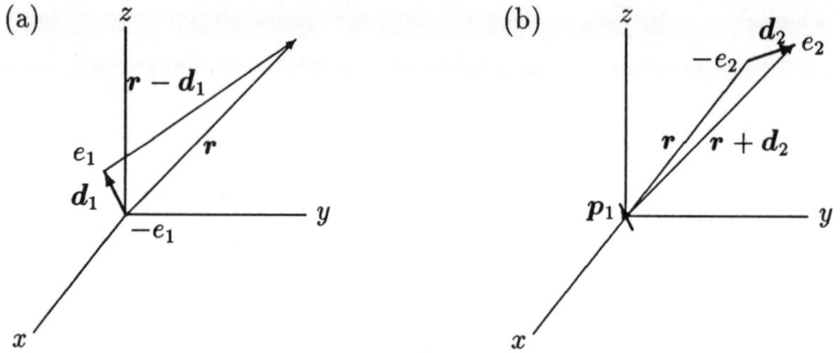

Abb. 1.8

Lösung: Wir ordnen die beiden Dipole wie in Abb. 1.8 gezeichnet an. Das Potential des ersten am Aufpunkt mit Ortsvektor $\boldsymbol{r}$ ist dann zunächst

$$\Phi_1 = e_1\left(\frac{1}{|\boldsymbol{r}-\boldsymbol{d}_1|} - \frac{1}{|\boldsymbol{r}|}\right) \approx e_1\left(\frac{1}{r} + \frac{\boldsymbol{r}\cdot\boldsymbol{d}}{r^3} - \frac{1}{r}\right) = \frac{\boldsymbol{r}\cdot(e_1\boldsymbol{d}_1)}{r^3}\,.$$

Dazu haben wir

$$\frac{1}{|\boldsymbol{r}-\boldsymbol{d}_1|} = \frac{1}{\sqrt{r^2 + \boldsymbol{d}_1^2 - 2\boldsymbol{r}\cdot\boldsymbol{d}_1}}$$

bis zum Term linear in $\boldsymbol{d}_1$ entwickelt. Im Grenzübergang entsteht also $\Phi_1 = \boldsymbol{r}\cdot\boldsymbol{p}_1/r^3$. Die potentielle Energie des zweiten Dipols im Kraftfeld des ersten ist

$$W = e_2(\Phi_1(\boldsymbol{r}+\boldsymbol{d}_2) - \Phi_1(\boldsymbol{r})) = e_2\left(\frac{\boldsymbol{p}_1\cdot(\boldsymbol{r}+\boldsymbol{d}_2)}{|\boldsymbol{r}+\boldsymbol{d}_2|^3} - \frac{\boldsymbol{p}_1\cdot\boldsymbol{r}}{r^3}\right)\,.$$

Hier entwickelt man wieder nach $\boldsymbol{d}_2$ bis zu den linearen Termen,

$$W \approx e_2\left(\frac{\boldsymbol{p}_1\cdot\boldsymbol{r}}{r^3}\left(1 - 3\frac{\boldsymbol{r}\cdot\boldsymbol{d}_2}{r^2}\right) + \frac{\boldsymbol{p}_1\cdot\boldsymbol{d}_2}{r^3} - \frac{\boldsymbol{p}_1\cdot\boldsymbol{r}}{r^3}\right)\,.$$

Im Grenzübergang $e_2 \to \infty$, $\boldsymbol{d}_2 \to 0$ mit $e_2\boldsymbol{d}_2 = \boldsymbol{p}_2$ endlich entsteht

$$W(1,2) = \frac{\boldsymbol{p}_1\cdot\boldsymbol{p}_2}{r^3} - 3\frac{(\boldsymbol{p}_1\cdot\boldsymbol{r})(\boldsymbol{p}_2\cdot\boldsymbol{r})}{r^5}\,.$$

Daraus berechnet man $\boldsymbol{K}_{21} = -\nabla_1 W = -\boldsymbol{K}_{12}$ komponentenweise unter Ausnutzung von

$$\frac{\partial}{\partial x_1} = \frac{\partial r}{\partial x_1}\frac{\partial}{\partial r} = \frac{x_1 - x_2}{r}\frac{\partial}{\partial r}\,, \quad \text{etc.,}$$

zum Beispiel

$$\frac{\partial W(1,2)}{\partial x_1} = -(\boldsymbol{p}_1 \cdot \boldsymbol{p}_2)\frac{3}{r^4}\frac{x_1 - x_2}{r} - \frac{3}{r^5}\left(p_1^x(\boldsymbol{p}_2 \cdot \boldsymbol{r}) + (\boldsymbol{p}_1 \cdot \boldsymbol{r})p_2^x\right)$$
$$+ (\boldsymbol{p}_1 \cdot \boldsymbol{r})(\boldsymbol{p}_2 \cdot \boldsymbol{r})\frac{15}{r^6}\frac{x_1 - x_2}{r}\,.$$

AUFGABE

1.18 Für die Bewegung eines Punktes gelte die Gleichung

$$\dot{\boldsymbol{v}} = \boldsymbol{v} \times \boldsymbol{a} \quad \text{mit} \quad \boldsymbol{a} = \text{const.} \tag{1}$$

Man zeige zunächst, daß $\dot{\boldsymbol{r}} \cdot \boldsymbol{a} = \boldsymbol{v}(0) \cdot \boldsymbol{a}$ für alle t gilt, und führe (1) auf eine gewöhnliche inhomogene Differentialgleichung zweiter Ordnung der Form $\ddot{\boldsymbol{r}} + \omega^2 \boldsymbol{r} = \boldsymbol{f}(t)$ zurück. Zur Lösung der inhomogenen Gleichung mache man den Ansatz $\boldsymbol{r}_{\text{inhom}}(t) = \boldsymbol{c}t + \boldsymbol{d}$. Man führe die Integrationskonstanten auf die Anfangswerte $\boldsymbol{r}(0)$ und $\boldsymbol{v}(0)$ zurück. Welche Kurve wird durch $\boldsymbol{r}(t) \equiv \boldsymbol{r}_{\text{hom}}(t) + \boldsymbol{r}_{\text{inhom}}(t)$ beschrieben?

Hilfsmittel: $\boldsymbol{a}_1 \times (\boldsymbol{a}_2 \times \boldsymbol{a}_3) = \boldsymbol{a}_2(\boldsymbol{a}_1 \cdot \boldsymbol{a}_3) - \boldsymbol{a}_3(\boldsymbol{a}_1 \cdot \boldsymbol{a}_2)$.

Lösung: Wir betrachten die Zeitableitung von $\dot{\boldsymbol{r}} \cdot \boldsymbol{a}$. Da $\boldsymbol{a}$ konstant ist, gilt

$$\frac{d}{dt}\dot{\boldsymbol{r}} \cdot \boldsymbol{a} = \ddot{\boldsymbol{r}} \cdot \boldsymbol{a} = \dot{\boldsymbol{v}} \cdot \boldsymbol{a} = (\boldsymbol{v} \times \boldsymbol{a}) \cdot \boldsymbol{a} = 0\,.$$

Also ist $\dot{\boldsymbol{r}} \cdot \boldsymbol{a}$ zeitlich konstant, und die in der Aufgabe angegebene Beziehung gilt für alle t.

Bilden wir nun die Zeitableitung von (1) und setzen $\dot{\boldsymbol{v}}$ wieder ein, so erhalten wir $\ddot{\boldsymbol{v}} = \dot{\boldsymbol{v}} \times \boldsymbol{a} = (\boldsymbol{v} \times \boldsymbol{a}) \times \boldsymbol{a} = -\boldsymbol{a}^2\boldsymbol{v} + (\boldsymbol{v} \cdot \boldsymbol{a})\boldsymbol{a}$. Der zweite Summand auf der rechten Seite ist konstant, wie wir eben gezeigt haben; daher erhalten wir, wenn wir diese Gleichung nach von 0 bis t nach der Zeit integrieren: $\ddot{\boldsymbol{r}}(t) - \ddot{\boldsymbol{r}}(0) = -\omega^2(\boldsymbol{r}(t) - \boldsymbol{r}(0)) + (\boldsymbol{v}(0) \cdot \boldsymbol{a})\boldsymbol{a}t$, wobei wir $\omega^2 := \boldsymbol{a}^2$ definiert haben. Nun ist aber wegen (1) $\ddot{\boldsymbol{r}}(0) = \boldsymbol{v}(0) \times \boldsymbol{a}$, so daß wir schreiben können

$$\ddot{\boldsymbol{r}}(t) + \omega^2\boldsymbol{r}(t) = (\boldsymbol{v}(0) \cdot \boldsymbol{a})\boldsymbol{a}t + \boldsymbol{v}(0) \times \boldsymbol{a} + \omega^2\boldsymbol{r}(0)\,.$$

Dies ist die gewünschte Form, und die allgemeine Lösung der homogenen Differentialgleichung ist

$$\boldsymbol{r}_{\text{hom}}(t) = \boldsymbol{c}_1 \sin\omega t + \boldsymbol{c}_2 \cos\omega t\,.$$

Unter Verwendung des angegebenen Ansatzes für die spezielle Lösung der inhomogenen Differentialgleichung erhält man für die Konstanten

$$\boldsymbol{c}_1 = \frac{1}{\omega^3}(\boldsymbol{a}^2\boldsymbol{v}(0) - (\boldsymbol{v}(0) \cdot \boldsymbol{a})\boldsymbol{a}) = \frac{1}{\omega^3}(\boldsymbol{a} \times (\boldsymbol{v}(0) \times \boldsymbol{a}))$$

$$\begin{aligned}
\boldsymbol{c}_2 &= -\frac{1}{\omega^2}\boldsymbol{v}(0) \times \boldsymbol{a} \\
\boldsymbol{c} &= \frac{1}{\omega^2}(\boldsymbol{v}(0) \cdot \boldsymbol{a})\boldsymbol{a} \\
\boldsymbol{d} &= \frac{1}{\omega^2}\boldsymbol{v}(0) \times \boldsymbol{a} + \omega^2\boldsymbol{r}(0) .
\end{aligned}$$

Damit ist die Lösung

$$\begin{aligned}
\boldsymbol{r}(t) = \frac{1}{\omega^3}&(\boldsymbol{a} \times (\boldsymbol{v}(0) \times \boldsymbol{a}) \sin \omega t + \frac{1}{\omega^2}(\boldsymbol{v}(0) \cdot \boldsymbol{a})\boldsymbol{a}t \\
&+ \boldsymbol{v}(0) \times \boldsymbol{a}(1 - \cos \omega t) \ + \boldsymbol{r}(0) .
\end{aligned}$$

Dies ist eine Schraubenlinie (Helix), die sich um den Vektor $\boldsymbol{a}$ windet.

AUFGABE

1.19 Eine Stahlkugel fällt vertikal auf eine ebene Stahlplatte und wird von dieser reflektiert. Bei jedem Aufprall geht der n-te Teil der kinetischen Energie der Kugel verloren. Man diskutiere die Bahnlinie der Kugel $x = x(t)$, insbesondere gebe man den Zusammenhang von $x_{\max}$ und $t_{\max}$ an.

Anleitung: Man betrachte die Bahnkurve einzeln zwischen je zwei Aufschlägen und summiere über die vorhergehenden Zeiten.

Lösung: Die Stahlkugel falle zu Beginn aus der Höhe h_0. Dann ist die Zeit bis zum ersten Auftreffen $t_1 = \sqrt{2h_0/g}$, die Geschwindigkeit dabei $u_1 = -\sqrt{2h_0 g} = -gt_1$. Es gilt ferner ($\alpha := (n-1)/n$):

$$v_i = -\alpha u_i \, , \quad u_{i+1} = -v_i \, , \quad t_{i+1} - t_i = \frac{2v_i}{g} .$$

Aus den ersten beiden Gleichungen folgt $v_1 = \alpha g t_1$ und $v_i = \alpha^i g t_1$. Aus der dritten Gleichung folgt

$$t_i^0 - t_i = \frac{v_i}{g} = t_{i+1} - t_i^0 \quad \text{und} \quad t_{i+1}^0 - t_{i+1} = \frac{v_{i+1}}{g} \, ,$$

und damit $t_{i+1}^0 - t_i^0 = (v_{i+1} + v_i)/g = t_1(\alpha+1)\alpha^i$. Mit $t_0^0 = 0$ folgt sofort

$$t_i^0 = t_1(1+\alpha)\sum_{\nu=0}^{i-1} \alpha^\nu .$$

Mit $h_i = v_i^2/(2g)$ ist $h_i = \alpha^{2i} h_0$.

AUFGABE

1.20 Man betrachte die folgenden Transformationen des Koordinatensystems

$$\{t, \boldsymbol{r}\} \underset{\mathrm{E}}{\rightarrow} \{t, \boldsymbol{r}\} \, , \quad \{t, \boldsymbol{r}\} \underset{\mathrm{P}}{\rightarrow} \{t, -\boldsymbol{r}\} \, , \quad \{t, \boldsymbol{r}\} \underset{\mathrm{T}}{\rightarrow} \{-t, \boldsymbol{r}\}$$

sowie die Transformation $\mathrm{P} \cdot \mathrm{T}$, die durch Hintereinanderausführen von P und T entsteht. Man schreibe diese Transformationen als Matrizen, die auf den „Vektor“ $\begin{pmatrix} t \\ \boldsymbol{r} \end{pmatrix}$ wirken. Man zeige, daß E, P, T und $\mathrm{P} \cdot \mathrm{T}$ eine Gruppe bilden.

Lösung: Es ergibt sich folgende Verknüpfungstabelle

	E	P	T	$P\cdot T$
E	E	P	P	$P\cdot T$
P	P	E	$P\cdot T$	T
T	T	$P\cdot T$	E	T
$P\cdot T$	$P\cdot T$	T	P	E

AUFGABE

1.21 Das Potential $U(r)$ eines Zweiteilchensystems sei zweimal stetig differenzierbar. Der relative Drehimpuls sei vorgegeben. Welche Bedingungen muß $U(r)$ weiter erfüllen, damit stabile Kreisbahnen möglich sind? Sei E_0 die Energie einer solchen Kreisbahn. Man diskutiere die Bewegung für $E = E_0 + \varepsilon$ mit kleinem positivem ε. Man betrachte speziell

$$U(r) = r^n \quad \text{und} \quad U(r) = \lambda/r\,.$$

Lösung: Seien R und E_0 Radius einer Kreisbahn und die dazugehörige Energie. Die Differentialgleichung für die Radialbewegung lautet

$$\frac{dr}{dt} = \sqrt{\frac{2}{\mu}}\sqrt{E_0 - U_{\text{eff}}(r)}\,, \quad U_{\text{eff}}(r) = U(r) + \frac{l^2}{2\mu r^2}\,.$$

Daraus folgt $E_0 = U_{\text{eff}}(R)$, sowie $U'_{\text{eff}}|_{r=R} = 0$, $U''_{\text{eff}}|_{r=R} > 0$, oder

$$U'(R) = \frac{l^2}{\mu}\frac{1}{R^3} \quad \text{und} \quad U''(R) > -\frac{3l^2}{\mu}\frac{1}{R^4}\,.$$

Ist $E = E_0 + \varepsilon$, so gilt

$$\frac{dr}{dt} = \sqrt{\frac{2}{\mu}}\sqrt{\varepsilon - \frac{1}{2}(r-R)^2 U''_{\text{eff}}(R)}\,.$$

Mit der Abkürzung $\kappa := U''_{\text{eff}}(R)$ ergibt sich

$$t - t_0 = \frac{\mu}{\kappa}\int_{r_0-R}^{r-R}\frac{d\rho}{\sqrt{\frac{2\varepsilon}{\kappa} - \rho^2}} = \frac{\mu}{\kappa}\arcsin\frac{\rho\kappa}{2\varepsilon}\,.$$

Auflösen nach $r - R$ ergibt

$$r - R = \frac{2\varepsilon}{\kappa}\sin\sqrt{\frac{\kappa}{\mu}}(t - t_0)\,,$$

das heißt, der Radius schwingt um den Wert R. Speziell ergibt sich:

i) $U(r) = r^n$, $U'(r) = nr^{n-1}$, $U''(r) = n(n-1)r^{n-2}$. Es ergibt sich die Gleichung

$$nR^{n-1} = \frac{l^2}{\mu R^2} \Rightarrow R = \sqrt[n+2]{\frac{l^2}{\mu n}}\,,$$

$$\kappa = n(n-1)R^{n-2} + \frac{3l^2}{\mu R^4} > 0 \Leftrightarrow \underbrace{n(n-1)R^{n+2}}_{l^2/(\mu n)} + \frac{3l^2}{\mu} = \frac{(n+2)l^2}{\mu} > 0\,.$$

ii) $U(r) = \lambda/r$, $U'(r) = -\lambda/r^2$, $U''(r) = 2\lambda/r^3$. Daraus folgt $R = -l^2/(\mu\lambda)$, $\kappa = -\lambda/R^3$. Dies ist größer als Null, wenn $\lambda < 0$.

AUFGABE

1.22 Ostabweichung eines fallenden Steins: In einem Bergwerk bei der geographischen Breite $\phi = 60°$ soll ein Stein ohne Anfangsgeschwindigkeit die Höhe $H = 160\,\mathrm{m}$ durchfallen. Man berechne die Ostabweichung aus der linearisierten Form der Differentialgleichung (M1.74).

Anleitung: Die zum Erdmittelpunkt gerichtete Gravitation ergibt zusammen mit der Zentrifugalkraft (die nicht klein ist) die effektive Fallbeschleunigung g. Die Abweichung der resultierenden Kraft von der Vertikalen ist vernachlässigbar klein. Die Zentrifugalkraft ist somit schon berücksichtigt. Die Corioliskraft $\boldsymbol{C}$, (M1.75), ist gegenüber $\boldsymbol{F} = -mg\hat{\boldsymbol{e}}_3$ klein. Man setze $\boldsymbol{r}(t) = \boldsymbol{r}_0(t) + \omega\boldsymbol{u}(t)$, wo $\omega = |\boldsymbol{\omega}|$ und $\boldsymbol{r}_0(t)$ die Lösung von (M1.74) ohne Coriolis- und Zentralkraft ist. Man stelle die Differentialgleichung für $\boldsymbol{u}(t)$ auf, die sich zur Ordnung ω ergibt, und löse diese. Die Winkelgeschwindigkeit der Erde ist $\omega = 7{,}3 \times 10^{-5}\mathrm{s}^{-1}$.

Lösung: Da die Zentrifugalkraft schon (genähert) berücksichtigt ist, lautet die Bewegungsgleichung im beschleunigten Bezugssystem

$$m\frac{d'^2\boldsymbol{r}}{dt^2} = -mg\hat{\boldsymbol{e}}_v - 2m\omega\left(\hat{\boldsymbol{\omega}} \times \frac{d'\boldsymbol{r}}{dt}\right) \qquad (\omega := |\boldsymbol{\omega}|)\,.$$

Man setzt $\boldsymbol{r}(t) = \boldsymbol{r}_0(t) + \omega\boldsymbol{u}(t)$ mit $\boldsymbol{r}_0(t) = (H - \frac{1}{2}gt^2)\hat{\boldsymbol{e}}_v$ und erhält für $\boldsymbol{u}$ die in ω linearisierte Gleichung

$$m\omega\frac{d'^2}{dt^2}\boldsymbol{u} \approx 2mgt\omega\,\hat{\boldsymbol{\omega}} \times \hat{\boldsymbol{e}}_v\,.$$

$\hat{\boldsymbol{\omega}}$ ist ein Einheitsvektor parallel zur Erdachse, $\hat{\boldsymbol{e}}_v$ gibt die Vertikale zur Erdoberfläche an. Ist φ die geographische Breite, so ist $\hat{\boldsymbol{\omega}} \times \hat{\boldsymbol{e}}_v = \cos\varphi\,\hat{\boldsymbol{e}}_h$, wo $\hat{\boldsymbol{e}}_h$ horizontal nach Osten weist. Man erhält somit

$$\frac{d'^2}{dt^2}\boldsymbol{u} = 2gt\cos\varphi\,\hat{\boldsymbol{e}}_h\,,$$

deren Lösung zur angegebenen Anfangsbedingung $\boldsymbol{u} = gt^3\cos\varphi\,\hat{\boldsymbol{e}}_h/3$ lautet. Mit der Fallzeit $T = \sqrt{2H/g}$, der Höhe $H = 160\,\mathrm{m}$, geographischer Breite $\varphi = 60°$, Erdbeschleunigung $g = 9{,}81\,\mathrm{m\,s^{-2}}$ und Winkelgeschwindigkeit $\omega = 2\pi/(1\mathrm{Tag}) = 7{,}3 \times 10^{-5}\,\mathrm{s}^{-1}$ findet man die Ostabweichung

$$\Delta \approx \frac{2\sqrt{2}}{3}g^{-1/2}H^{3/2}\omega\cos\varphi \approx 2{,}2\,\mathrm{cm}\,.$$

AUFGABE

1.23 Im Zweiteilchensystem mit Zentralkraft, für das man nur die Relativbewegung diskutiert, sei die potentielle Energie

$$U(r) = -\frac{\alpha}{r^2}$$

mit positivem α. Man berechne die Streubahnen $r(\varphi)$ für diesen Fall. Wie muß man die Energie E bei festem Drehimpuls $\boldsymbol{l}$ einrichten, damit das Teilchen das Kraftzentrum einmal (zweimal) voll umkreist? Man verfolge und diskutiere eine solche Bahn, bei der das System auf $r = 0$ zusammenfällt.

Lösung: Für $E > 0$ sind alle Bahnen Streubahnen. Falls $l^2 > 2\mu\alpha$ ist, gilt

$$\phi - \phi_0 = \frac{l}{\sqrt{2\mu E}} \int_{r_0}^{r} \frac{dr'}{r'\sqrt{r'^2 - (l^2 - 2\mu\alpha)/(2\mu E)}} = r_P^{(0)} \int_{r_0}^{r} \frac{dr'}{r'\sqrt{r'^2 - r_P^2}}, \quad (1)$$

wo μ die reduzierte Masse ist, $r_P = \sqrt{(l^2 - 2\mu\alpha)/(2\mu E)}$ der Perihelabstand und $r_P^{(0)} = l/\sqrt{2\mu E}$ ist. Das Teilchen soll parallel zur x-Achse aus dem Unendlichen kommen. Dann ist die Lösung $\phi(r) = l/\sqrt{l^2 - 2\mu\alpha}\arcsin(r_P/r)$. Ist $\alpha = 0$, so ist die zugehörige Lösung $\phi^{(0)}(r) = \arcsin(r_P^{(0)}/r)$: Das Teilchen läuft auf einer Geraden parallel zur x-Achse und im Abstand $r_P^{(0)}$ von ihr am Kraftzentrum vorbei. Für $\alpha \neq 0$ ist

$$\phi(r = r_P) = \frac{l}{\sqrt{l^2 - 2\mu\alpha}} \frac{\pi}{2},$$

nach der Streuung läuft das Teilchen asymptotisch in die Richtung $l/\sqrt{l^2 - 2\mu\alpha} \cdot \pi$. Dazwischen umläuft es n-mal das Kraftzentrum, wenn die Bedingung

$$\frac{l}{\sqrt{l^2 - 2\mu\alpha}} \left(\arcsin\frac{r_P}{\infty} - \arcsin\frac{r_P}{r_P}\right) = \frac{r_P^{(0)}}{r_P}\left(\pi - \frac{\pi}{2}\right) > n\pi$$

erfüllt ist. Es ist also

$$n = \left\lfloor \frac{r_P^{(0)}}{2r_P} \right\rfloor,$$

unabhängig von der Energie E.

Falls $l^2 < 2\mu\alpha$ ist, läßt sich Gl. (1) ebenfalls integrieren, und man erhält mit derselben Anfangsbedingung

$$\phi(r) = \frac{r_P^{(0)}}{b} \ln \frac{b + \sqrt{b^2 + r^2}}{r},$$

wobei $b = ((2\mu\alpha - l^2)/(2\mu E))^{1/2}$ gesetzt ist. Das Teilchen umläuft das Kraftzentrum auf einer nach innen laufenden Spirale. Da der Radius dabei nach Null strebt, wächst die Winkelgeschwindigkeit $\dot{\phi}$ in einer Weise, daß der Flächensatz $l = \mu r^2\dot{\phi} = \text{const.}$ nicht verletzt wird.

AUFGABE

1.24 Ein punktförmiger Komet mit Masse m bewege sich im Schwerefeld einer Sonne mit Masse M und Radius R. Wie groß ist der totale Wirkungsquerschnitt dafür, daß der Komet in die Sonne stürzt?

Lösung: Komet und Sonne laufen mit der Energie E aufeinander zu. Lange vor dem Stoß hat der Relativimpuls den Betrag $q = \sqrt{2\mu E}$, wo μ die reduzierte Masse ist. Der Stoßparameter sei b. Dann hat der Drehimpuls den Betrag $l = qb$. Der Komet stürzt ab, wenn der Perihelabstand r_P seiner Hyperbelbahn $\le R$ ist, also wenn $b \le b_{\max}$ ist, wobei $b_{\max}$ sich aus $r_P = R$ ergibt, d. h.

$$\frac{p}{1+\varepsilon} = R \quad \text{mit} \quad p = \frac{l^2}{A\mu} = \frac{q^2b^2}{A\mu}, \quad \varepsilon = \sqrt{1 + \frac{2Eq^2b^2}{\mu A^2}}$$

und $A = G_N mM$. Man findet $b_{\max} = R\sqrt{1 + A/(ER)}$ und damit

$$\sigma = \int_0^{b_{\max}} 2\pi b db = \pi R^2 \left(1 + \frac{A}{ER}\right) .$$

Für $A = 0$ ist dies die Stirnfläche der Sonne, die der Komet sieht. Mit der anziehenden Gravitationswechselwirkung vergrößert sich diese Fläche um das Verhältnis (potentielle Energie am Sonnenrand)/(Energie der Relativbewegung).

AUFGABE

1.25 Man löse die Bewegungsgleichungen für das Beispiel des Abschnitts M1.20 (ii) (Lorentzkraft bei konstanten Feldern), für den Fall

$$\boldsymbol{B} = B\hat{\boldsymbol{e}}_z , \quad \boldsymbol{E} = E\hat{\boldsymbol{e}}_z .$$

Lösung: Wie in Abschnitt (M1.20(ii)) dargelegt, lauten die Bewegungsgleichungen

$$\dot{\underset{\sim}{x}} = \underset{\sim}{A}\underset{\sim}{x} + \underset{\sim}{b} ,$$

mit (in dem speziellen Fall) $\underset{\sim}{A}$ wie in Gl. (M1.46) und

$$\underset{\sim}{A} = \begin{pmatrix} 0 & 0 & 0 & 1/m & 0 & 0 \\ 0 & 0 & 0 & 0 & 1/m & 0 \\ 0 & 0 & 0 & 0 & 0 & 1/m \\ 0 & 0 & 0 & 0 & K & 0 \\ 0 & 0 & 0 & -K & 0 & 0 \\ 0 & 0 & 0 & 0 & 0 & 0 \end{pmatrix} , \quad \underset{\sim}{b} = \begin{pmatrix} 0 \\ 0 \\ 0 \\ 0 \\ 0 \\ E \end{pmatrix} .$$

Die letzte der sechs Gleichungen können wir sofort integrieren und erhalten $x_6 = eEt + C_1$. Dies setzen wir in die dritte (für z) ein, integrieren wieder und haben damit die Lösung für die Bewegung in z-Richtung

$$x_3 = z = \frac{eE}{2m}t^2 + C_1 t + C_2 .$$

Einsetzen der Anfangsbedingungen $z(0) = z^{(0)}$, $\dot{z}(0) = v_z^{(0)}$ ergibt $C_2 = z^{(0)}$, $C_1 = v_z^{(0)}$.

Die anderen Gleichungen sind gekoppelt. Zur Lösung leiten wir die vierte Gleichung ($\dot{x}_4 = Kx_5 + eE_x$) nach der Zeit ab und setzen für $\dot{x}_5$ die rechte Seite der fünften Gleichung ein. Dies ergibt $\ddot{x}_4 = -K^2x_4 + eKE_y$ mit der Lösung $x_4 = C_3 \sin Kt + C_4 \cos Kt + eE_y/K$. Wieder unter Benutzung der fünften Gleichung bekommen wir daraus $x_5 = C_3 \cos Kt - C_4 \sin Kt + C_5$. Aus der vierten Gleichung erhalten wir noch die Bedingung $C_5 = -eE_x/K$. Diese beiden Ausdrücke können wir nun in die erste bzw. zweite Gleichung einsetzen und diese einmal integrieren. Damit erhalten wir

$$
\begin{aligned}
x_1 &= -\frac{C_3}{Km}\cos Kt + \frac{C_4}{Km}\sin Kt + \frac{e}{K}E_y t + C_6 \\
x_2 &= +\frac{C_3}{Km}\sin Kt + \frac{C_4}{Km}\cos Kt - \frac{e}{K}E_x t + C_7 \,.
\end{aligned}
$$

Setzen wir die Anfangsbedingungen $x(0) = x^{(0)}$, $y(0) = y^{(0)}$, $\dot{x}(0) = v_x^{(0)}$, $\dot{y}(0) = v_y^{(0)}$ ein, so erhalten wir schließlich

$$
\begin{aligned}
C_3 &= mv_y^{(0)} + \frac{em}{K}E_x\,, \quad C_4 = mv_x^{(0)} - \frac{em}{K}E_y\,, \\
C_6 &= x^{(0)} + \frac{v_y^{(0)}}{K} + \frac{e}{K^2}E_x\,, \quad C_7 = y^{(0)} - \frac{v_x^{(0)}}{K} + \frac{e}{K^2}E_y\,.
\end{aligned}
$$

2. Die Prinzipien der kanonischen Mechanik

AUFGABE

2.1 Das Phasenportrait einer eindimensionalen, periodischen Bewegung, die ganz im Endlichen verläuft, hat als Integral der Bewegung die Energie $E(q,p)$. Warum ist das Portrait symmetrisch bezüglich der q-Achse? Die von einer periodischen Bewegung umschlossene Fläche ist

$$F(E) = \oint p dq = 2 \int_{q_{\min}}^{q_{\max}} p dq \, .$$

Man zeige, daß die Änderung von $F(E)$ mit E gleich der Periode T der Bahn ist, $T = dF(E)/dE$. Man berechne F für $E(q,p) = p^2/2m + m\omega^2 q^2/2$, sowie die Periode T.

Lösung: Wir bilden die Ableitung von $F(E)$ nach E:

$$\begin{aligned}\frac{dF}{dE} &= 2\frac{d}{dE} \int_{q_{\min}(E)}^{q_{\max}(E)} \sqrt{2m(E-U(q)}dq \\ &= 2 \int_{q_{\min}(E)}^{q_{\max}(E)} \frac{m}{\sqrt{2m(E-U(q)}}dq \\ &\quad + 2\sqrt{2m(\underbrace{E-U(q_{\max})}_{=0})}\,\frac{dq_{\max}}{dE} - 2\sqrt{2m(\underbrace{E-U(q_{\min})}_{=0})}\,\frac{dq_{\min}}{dE} \, .\end{aligned}$$

Um T zu bestimmen, müssen wir das Zeitintegral über eine Periode ausrechnen. Dazu beachten wir, daß

$$m\frac{dq}{dt} = p = \sqrt{2m(E-U(q))} \, , \quad \text{also} \quad dt = \frac{mdq}{\sqrt{2m(E-U(q))}} \, .$$

Damit ist

$$T = 2 \int_{q_{\min}(E)}^{q_{\max}(E)} \frac{m}{\sqrt{2m(E-U(q)}}dq \, .$$

Dies haben wir gerade weiter oben berechnet.

AUFGABE

2.2 Ein Gewicht gleitet reibungsfrei auf einer schiefen Ebene mit Neigungswinkel α. Man behandle dieses System mit Hilfe des d'Alembertschen Prinzips.

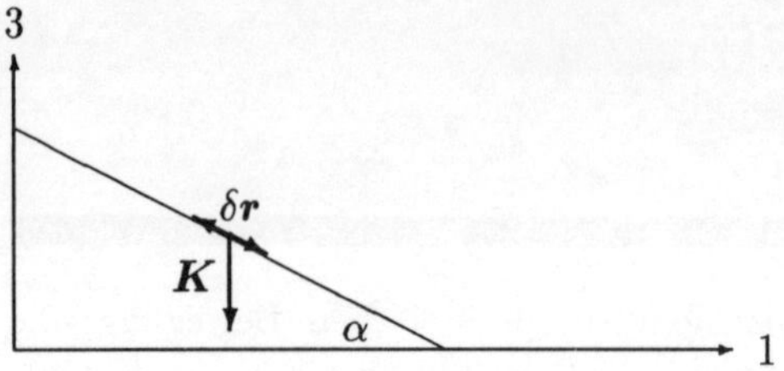

Abb. 2.1

Lösung: Legt man die Ebene wie in Abb. 2.1 skizziert, so sagt das d'Alembertsche Prinzip $(\boldsymbol{K}-\dot{\boldsymbol{p}})\cdot\delta\boldsymbol{r}=0$, mit $\boldsymbol{K}=-mg\hat{\boldsymbol{e}}_3$, wobei die zulässigen virtuellen Verrückungen $\delta\boldsymbol{r}$ nur entlang der Schnittgeraden zwischen der schiefen Ebene und der $(1,3)$-Ebene, sowie entlang der 2-Achse gewählt werden können. Nennen wir die dann unabhängigen Variablen q_1 und q_2, so ist $\delta\boldsymbol{r}=\delta q_1\hat{\boldsymbol{e}}_\alpha+\delta q_2\hat{\boldsymbol{e}}_2$ mit $\hat{\boldsymbol{e}}_\alpha=\hat{\boldsymbol{e}}_1\cos\alpha-\hat{\boldsymbol{e}}_3\sin\alpha$. Setzt man dies ein, so folgen die Bewegungsgleichungen $\ddot{q}_1=-mg\sin\alpha$, $\ddot{q}_2=0$, deren Lösungen $q_1(t)=-mg\sin\alpha t^2/2+v_1t+a_1$, bzw. $q_2(t)=v_2t+a_2$ lauten.

AUFGABE

2.3 Eine Kugel rollt reibungsfrei auf der Innenseite eines Kreisrings (Abb. 2.2), der vertikal im Schwerefeld aufgestellt ist. Man stelle die Bewegungsgleichung auf und diskutiere deren Lösungen (d'Alembertsches Prinzip).

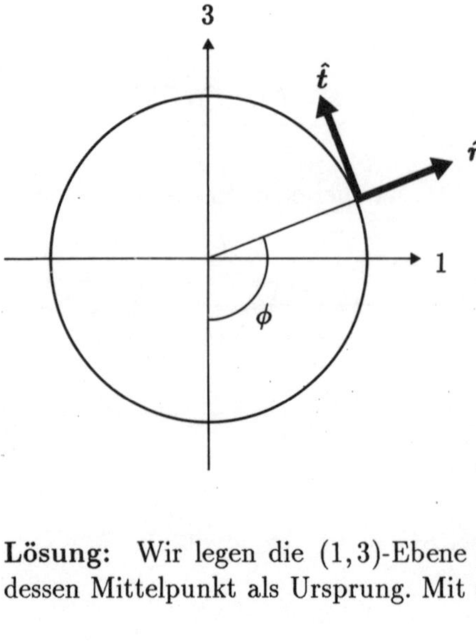

Abb. 2.2

Lösung: Wir legen die $(1,3)$-Ebene in die Ebene des Kreisrings und wählen dessen Mittelpunkt als Ursprung. Mit den Bezeichnungen der Abb. 2.2 sind die

Einheitsvektoren $\hat{\boldsymbol{t}}$ und $\hat{\boldsymbol{n}}$ durch $\hat{\boldsymbol{t}} = \hat{\boldsymbol{e}}_1 \cos\phi + \hat{\boldsymbol{e}}_3 \sin\phi$, $\hat{\boldsymbol{n}} = \hat{\boldsymbol{e}}_1 \sin\phi - \hat{\boldsymbol{e}}_3 \cos\phi$ gegeben. Es ist $\delta \boldsymbol{r} = \hat{\boldsymbol{t}} R \delta\phi$, $\dot{\boldsymbol{r}} = R\dot{\phi}\hat{\boldsymbol{t}}$, $\ddot{\boldsymbol{r}} = R\ddot{\phi}\hat{\boldsymbol{t}} - R\dot{\phi}^2\hat{\boldsymbol{n}}$, die wirkende Kraft ist $\boldsymbol{k} = -mg\hat{\boldsymbol{e}}_3$. Aus der Gleichung des d'Alembertschen Prinzips $(\boldsymbol{K} - \dot{\boldsymbol{p}}) \cdot \delta\boldsymbol{r} = 0$ folgt die Bewegungsgleichung $\ddot{\phi} + g \sin\phi / R = 0$, also die Bewegungsgleichung des Pendels, das bereits in Abschnitt M1.16 ausführlich diskutiert wurde.

AUFGABE

2.4 Ein Massenpunkt der Masse m, der sich längs einer Geraden bewegen kann, hänge an einer Feder, deren anderes Ende im Punkte A befestigt ist. Der Abstand des Punktes A von der Geraden sei l. Man berechne (näherungsweise) die Schwingungsfrequenz des Massenpunktes (Abb. 2.3).

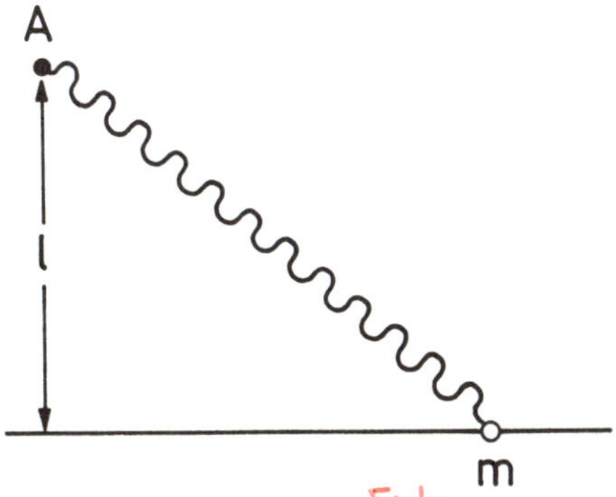

Abb. 2.3

Lösung: Die Länge der in entspanntem Zustand sei d_0, ihre Federkonstante sei κ. Wenn die Auslenkung x beträgt, so hat die Feder die Länge $d = \sqrt{x^2 + l^2}$. Das dazugehörige Potential ist

$$U(x) = \frac{1}{2}\kappa (d - d_0)^2 .$$

Ist $d_0 \leq l$, so ist die einzige stabile Gleichgewichtslage $x = 0$. Ist dagegen $d_0 > l$, so ist $x = 0$ labile Gleichgewichtslage, und die Punkte $x = \pm\sqrt{d_0^2 - l^2}$ stabile Gleichgewichtslagen.

Wir wollen hier nur den Fall $d_0 \leq l$ betrachten. Wir entwickeln $U(x)$ für kleine x um $x = 0$:

$$\begin{aligned} U(x) &\approx \frac{1}{2}\kappa \left(l - d_0 + \frac{x^2}{2l} - \frac{x^4}{8l^3} \right)^2 \\ &\approx \frac{1}{2}\kappa \left((l - d_0)^2 + \frac{l - d_0}{l} x^2 + \frac{d_0}{4l^3} x^4 \right) . \end{aligned}$$

Daraus folgern wir, daß die Schwingungsfrequenz näherungsweise

$$\omega = \sqrt{\frac{\kappa}{m} \frac{l - d_0}{l}}$$

ist. Dies ist allerdings nur für gewisse Werte von d_0 richtig: Für $d_0 = l$ verschwindet der quadratische Term, und wir haben x^4 als führende Ordnung. Im anderen Grenzfall ($d_0 = 0$) ist $U(x) = \kappa(x^2 + l^2)/2$, also ein rein harmonisches Potential (da die konstanten Terme physikalisch irrelevant sind). Die Näherung ist also nur dann akzeptabel, wenn d_0 klein gegen l ist.

AUFGABE

2.5 Zwei gleiche Massen m sind durch eine (masselose) Feder mit der Federkonstanten κ verbunden und können reibungslos längs einer Führungsschiene gleiten. Der Abstand der Massen bei ungespannter Feder ist l. Gesucht sind die Ausschläge $x_1(t)$ und $x_2(t)$ von der Ruhelage, wenn folgende Anfangswerte vorgegeben sind:

$$\begin{aligned} x_1(0) &= 0 \qquad & \dot{x}_1(0) &= v_0\,, \\ x_2(0) &= l \qquad & \dot{x}_2(0) &= 0\,. \end{aligned}$$

Lösung: Eine geeignete Lagrangefunktion für dieses System ist

$$L = \underbrace{\frac{1}{2}m(\dot{x}_1^2 + \dot{x}_2^2)}_{T} + \underbrace{\frac{1}{2}\kappa(x_1 - x_2)^2}_{U}\,.$$

Wir führen die folgenden Koordinaten ein: $u_1 := x_1 + x_2$, $u_2 := x_1 - x_2$; bis auf einen Faktor 1/2 bei u_1 sind das gerade Schwerpunkts- und Relativkoordinaten. Damit lautet unsere Lagrangefunktion $L = \frac{1}{4}m(\dot{u}_1^2 + \dot{u}_2^2) + \frac{1}{2}\kappa u_2^2$. Die zugehörigen Bewegungsgleichungen lauten $\ddot{u}_1 = 0$, $m\ddot{u}_2 + 2\kappa u_2 = 0$; die Lösungen sind ($\omega := \sqrt{2\kappa/m}$): $u_1 = C_1 t + C_2$, $u_2 = C_3 \sin\omega t + C_4 \cos\omega t$. Die Anfangsbedingungen lassen sich leicht auf die neuen Koordinaten umschreiben, wir erhalten

$$\begin{aligned} u_1(0) &= +l \qquad & \dot{u}_1(0) &= v_0 \\ u_2(0) &= -l \qquad & \dot{u}_2(0) &= v_0\,. \end{aligned}$$

Daraus lassen sich die Konstanten leicht bestimmen; es ergibt sich schließlich als Lösung

$$\begin{aligned} x_1(t) &= \frac{v_0}{2}\left(t + \frac{1}{\omega}\sin\omega t\right) - \frac{l}{2}(1 - \cos\omega t) \\ x_2(t) &= \frac{v_0}{2}\left(t - \frac{1}{\omega}\sin\omega t\right) + \frac{l}{2}(1 + \cos\omega t)\,. \end{aligned}$$

AUFGABE

2.6 Eine Funktion $F(x_1, \ldots, x_f)$ sei in den f Variablen x_i homogen vom Grade N. Zeigen Sie, daß dann

$$\sum_{i=1}^{f} \frac{dF}{dx_i} x_i = NF$$

gilt. Wenn für ein n-Teilchensystem Zwangsbedingungen der Form

$$\boldsymbol{r}_j = \boldsymbol{r}_j(q_1, \ldots, q_f, t)\,, \quad j = 1, 2, \ldots, f\,, \quad f < 3n$$

gelten, welche Form hat die kinetische Energie T als Funktion von $\boldsymbol{q}$, $\dot{\boldsymbol{q}}$ und t? Wann gilt

$$\sum_{i=1}^{f} \frac{dT}{dx_i} x_i = 2T\,?$$

Lösung: Nach Voraussetzung ist $F(\lambda x_1, \ldots, \lambda x_n) = \lambda^N F(x_1, \ldots, x_n)$. Wir leiten diese Gleichung nach λ ab und setzen dann $\lambda = 1$. Für die linke Seite ergibt sich

$$\frac{d}{d\lambda} F(\lambda x_1, \ldots, \lambda x_n)\bigg|_{\lambda=1} = \sum_{i=1}^{n} \frac{\partial F}{\partial x_i} \frac{d(\lambda x_i)}{d\lambda}\bigg|_{\lambda=1} = \sum_{i=1}^{n} \frac{\partial F}{\partial x_i} x_i\,.$$

Machen wir dasselbe für die rechte Seite, so ergibt sich die gewünschte Gleichung. Betrachten wir nun ein n-Teilchensystem, das den genannten Zwangsbedingungen unterliegt. Für die kinetische Energie gilt

$$T = \sum_{j=1}^{n} \frac{m_j}{2} \dot{\boldsymbol{r}}_j^{\,2}\,.$$

Außerdem ist

$$\dot{\boldsymbol{r}}_j = \frac{d}{dt} \boldsymbol{r}_j(q_1, \ldots, q_f, t) = \sum_{i=1}^{f} \frac{\partial \boldsymbol{r}_j}{\partial q_i} \frac{dq_i}{dt} + \frac{\partial \boldsymbol{r}_j}{\partial t}\,.$$

Setzen wir dies in den Ausdruck für T ein, so ergibt sich

$$T = \sum_{j=1}^{n} \frac{m_j}{2} \left(\sum_{i,i'=1}^{f} \underbrace{\frac{\partial \boldsymbol{r}_j}{\partial q_i} \cdot \frac{\partial \boldsymbol{r}_j}{\partial q_{i'}}}_{\tilde{a}_{ii'}^{(j)}} \dot{q}_i \dot{q}_{i'} + \sum_{i=1}^{f} \underbrace{\frac{\partial \boldsymbol{r}_j}{\partial q_i} \cdot \frac{\partial \boldsymbol{r}_j}{\partial t}}_{\tilde{b}_i^{(j)}} \dot{q}_i + \underbrace{\left(\frac{d\boldsymbol{r}_j}{dt}\right)^2}_{\tilde{c}^{(j)}} \right),$$

und daraus durch Vertauschung der Summationen und mit den Bezeichnungen $a_{ii'} := \sum_j m_j \tilde{a}_{ii'}^{(j)}/2$, $b_i := \sum_j m_j \tilde{b}_i^{(j)}/2$ und $c := \sum_j m_j \tilde{c}^{(j)}/2$ die Gleichung

$$T = \sum_{i,i'=1}^{f} a_{ii'} \dot{q}_i \dot{q}_{i'} + \sum_{i=1}^{f} b_i \dot{q}_i + c\,.$$

Dabei hängen die Funktionen $a_{ii'}$, b_i und c von $q_1, \ldots, q_f$ und von t ab. Damit

$$\sum_{i=1}^{n} \frac{\partial T}{\partial \dot{q}_i} \dot{q}_i = 2T$$

ist, muß T eine homogene Funktion vom Grade 2 der $\dot{q}_i$ sein, d.h. die Funktionen b_i und c müssen verschwinden. Das ist gerade dann der Fall, wenn die Koordinaten der Teilchen $\boldsymbol{r}_j$ nicht explizit von der Zeit abhängen.

AUFGABE

18 **2.7** Im Integral $I[y] = \int_{x_1}^{x_2} dx\, f(y, y')$ habe f keine explizite Abhängigkeit von x. Man zeige, daß in diesem Fall

$$y' \frac{df}{dy'} - f(y, y') = \text{const.}$$

gilt. Man wende dieses Ergebnis auf den Fall $L(\boldsymbol{q}, \dot{\boldsymbol{q}}) = T - U$ an und identifiziere diese Konstante. Dabei soll L nicht explizit von der Zeit abhängen und T eine quadratische homogene Funktion von $\boldsymbol{q}$ sein.

Lösung: Die Euler-Lagrange-Gleichung lautet im allgemeinen Fall

$$\frac{\partial f}{\partial y} = \frac{d}{dx} \frac{\partial f}{\partial y'} .$$

Multipliziert man diese Gleichung mit y' und addiert auf beiden Seiten $y'' \partial f / \partial y'$, so kann man die rechte Seite zusammenfassen und erhält

$$y' \frac{\partial f}{\partial y} + y'' \frac{\partial f}{\partial y'} = \frac{d}{dx} \left(y' \frac{\partial f}{\partial y'} \right) .$$

Wenn f nicht explizit von x abhängt, so ist die linke Seite dieser Gleichung $df(y, y')/dx$, so daß man die ganze Gleichung direkt integrieren kann und die angegebene Gleichung erhält.

Auf $L(\dot{\boldsymbol{q}}, \boldsymbol{q}) = T(\dot{\boldsymbol{q}}) - U(\boldsymbol{q})$ angewandt ergibt dies

$$\sum_i \dot{q}_i \frac{\partial T(\dot{\boldsymbol{q}})}{\partial \dot{q}_i} - T + U = \text{const.}$$

Ist T eine quadratische homogene Funktion von $\dot{\boldsymbol{q}}$, so ist nach dem Ergebnis der Aufgabe 2.6 der erste Summand gerade gleich $2T$. Die Konstante ist also die Energie $E = T + U$.

AUFGABE

19 **2.8** Zwei Probleme, deren Lösung bekannt ist, sollen mit den Methoden der Variationsrechnung behandelt werden:

i) Die kürzeste Verbindung zweier Punkte (x_1, y_1) und (x_2, y_2) in der Ebene.

ii) Die Form einer homogenen, unendlich feingliedrigen Kette, die im Schwerefeld an zwei Punkten (x_1, y_1) und (x_2, y_2) aufgehängt ist.

Hinweise: Man verwende das Ergebnis der Aufgabe 2.7. Bei (ii) beachte man, daß die Gleichgewichtslage der Kette durch die tiefste Lage des Schwerpunkts bestimmt ist. Für das infinitesimale Linienelement gilt

$$ds = \sqrt{(dx)^2 + (dy)^2} = \sqrt{1 + y'^2}\, dx .$$

Lösung: i) Es soll die Bogenlänge

$$L = \int ds = \int_{x_1}^{x_2} \sqrt{1+y'^2}dx$$

minimiert werden, d. h. $f(y,y') = \sqrt{1+y'^2}$. Anwendung der vorhergehenden Aufgabe ergibt

$$y'\frac{y'}{\sqrt{1+y'^2}} - \sqrt{1+y'^2} = \text{const.},$$

oder $y' = \text{const.}$ Daraus folgt $y' = ax+b$; durch Einsetzen der Randbedingungen $y(x_1) = y_1$, $y(x_2) = y_2$ erhalten wir schließlich

$$y(x) = \frac{y_2 - y_1}{x_2 - x_1}(x - x_1) + y_1 \,.$$

ii) Der Lage des Schwerpunkts ist gegeben durch die Gleichung

$$M\boldsymbol{r}_S = \int \boldsymbol{r} dm \,,$$

wenn M die Gesamtmasse der Kette ist und dm das Massenelement. Ist λ die Masse pro Längeneinheit so gilt $dm = \lambda ds$. Die x-Koordinate des Schwerpunkts hat keinen Einfluß, also ist diejenige Form zu finden, für die seine y-Koordinate am niedrigsten ist. Wir müssen also das Funktional

$$\int yds = \int_{x_1}^{x_2} y\sqrt{1-y'^2}dx$$

minimieren. Die Gleichung aus der vorhergehenden Aufgabe führt zu

$$\frac{yy'^2}{\sqrt{1+y'^2}} - y\sqrt{1+y'^2} = -\frac{y}{\sqrt{1+y'^2}} = C \,.$$

Diese Gleichung läßt sich nach y' auflösen:

$$y' = \sqrt{Cy^2 - 1} \,.$$

Dies ist eine separierbare Differentialgleichung mit der Lösung

$$y(x) = \frac{1}{\sqrt{C}} \coth(\sqrt{C}x + C') \,.$$

Die Konstanten C und C' sind jetzt so zu bestimmen, daß die Randbedingungen $y(x_1) = y_1$, $y(x_2) = y_2$ erfüllt sind.

AUFGABE

2.9 Eine Lagrangefunktion für das Problem der gekoppelten Pendel ist die folgende:

$$L = \frac{1}{2}m\left(\dot{x}_1^2 + \dot{x}_2^2\right) - \frac{1}{2}m\omega_0^2\left(x_1^2 + x_2^2\right) - \frac{1}{4}m\left(\omega_1^2 - \omega_0^2\right)(x_1 - x_2)^2 \,.$$

i) Man zeige, daß auch die hiervon verschiedene Lagrangefunktion

$$L' = \frac{1}{2}m\left(\dot{x}_1 - i\omega_0 x_1\right)^2 + \frac{1}{2}m\left(\dot{x}_2 - i\omega_0 x_2\right)^2 - \frac{1}{4}m\left(\omega_1^2 - \omega_0^2\right)(x_1 - x_2)^2 \,.$$

zu denselben Bewegungsgleichungen führt. Warum ist das so?

ii) Man zeige, daß die Transformation auf die Eigenschwingungen des Systems die Lagrangegleichungen forminvariant läßt.

Lösung: i) Die Bewegungsgleichungen lauten in beiden Fällen

$$\begin{aligned}\ddot{x}_1 &= -m\omega_0^2 x_1 - \frac{1}{2}m(\omega_1^2 - \omega_0^2)(x_1 - x_2)\\ \ddot{x}_2 &= -m\omega_0^2 x_2 + \frac{1}{2}m(\omega_1^2 - \omega_0^2)(x_1 - x_2)\,.\end{aligned}$$

Der Grund wird klar, wenn man $L' - L$ ausrechnet:

$$L' - L = -i\omega_0 m(x_1\dot{x}_1 + x_2\dot{x}_2) = -\frac{i}{2}\omega_0 m\frac{d}{dt}(x_1^2 + x_2^2)\,.$$

Beide Lagrangefunktionen unterscheiden sich also durch die totale Zeitableitung einer Funktion, die nur von den Koordinaten abhängt. Gemäß den allgemeinen Betrachtungen der Absch. M2.9 und M2.10 ändert solch ein Zusatzterm die Bewegungsgleichungen nicht.

ii) Die Transformation auf die Eigenschwingungen lautet

$$z_1 = \frac{1}{\sqrt{2}}(x_1 + x_2)\,, \quad z_2 = \frac{1}{\sqrt{2}}(x_1 - x_2)\,.$$

Diese Transformation

$$\begin{pmatrix} x_1 \\ x_2 \end{pmatrix} \xrightarrow[F]{} \begin{pmatrix} z_1 \\ z_2 \end{pmatrix}$$

ist umkehrbar eindeutig. Sowohl F als auch F^{-1} sind differenzierbar. F ist ein Diffeomorphismus und läßt folglich die Lagrangegleichungen forminvariant.

AUFGABE

2.10 Die Kraft auf einen Körper im dreidimensionalen Raum sei überall axialsymmetrisch bezüglich der z-Achse. Man zeige:

i) Das dazugehörige Potential hat die Form $U = U(r, z)$, wobei (r, φ, z) Zylinderkoordinaten sind:

$$x = r\cos\varphi\,, \quad y = r\sin\varphi\,, \quad z = z\,.$$

ii) Die Kraft liegt überall in einer Ebene, die die z-Achse enthält.

Lösung: Axialsymmetrie der Kraft läßt sich am einfachsten in Zylinderkoordinaten darstellen. Dort bedeutet es, daß die Kraft keine Komponente in Richtung des Einheitsvektors $\hat{\boldsymbol{e}}_\varphi$ haben darf. Da in Zylinderkoordinaten gilt

$$\nabla U(r, \varphi, z) = \frac{\partial U}{\partial r}\hat{\boldsymbol{e}}_r + \frac{1}{r}\frac{\partial U}{\partial \varphi}\hat{\boldsymbol{e}}_\varphi + \frac{\partial U}{\partial z}\hat{\boldsymbol{e}}_z\,,$$

darf U nicht von φ abhängen. $\hat{\boldsymbol{e}}_r$ und $\hat{\boldsymbol{e}}_z$ spannen eine Ebene auf, die immer die z-Achse enthält.

AUFGABE

2.11 In einem Inertialsystem $\mathbf{K}_0$ lautet die Lagrangefunktion eines Teilchens im äußeren Feld

$$L_0 = \frac{1}{2} m \dot{\boldsymbol{x}}_0^2 - U(\boldsymbol{x}_0)\,.$$

Das Bezugssystem $\mathbf{K}$ habe mit $\mathbf{K}_0$ einen gemeinsamen Nullpunkt, drehe sich aber gegenüber $\mathbf{K}_0$ mit der Winkelgeschwindigkeit $\boldsymbol{\omega}$. Man zeige: in $\mathbf{K}$ lautet die Lagrangefunktion des Teilchens

$$L = \frac{m}{2} \dot{\boldsymbol{x}}^2 + m \dot{\boldsymbol{x}} \cdot (\boldsymbol{\omega} \times \boldsymbol{x}) + \frac{m}{2} (\boldsymbol{\omega} \times \boldsymbol{x})^2 - U(\boldsymbol{x})\,.$$

Man leite daraus die Bewegungsgleichung des Abschn. M1.24 ab.

Lösung: Bei einer (passiven) infinitesimalen Drehung gilt

$$\boldsymbol{x} \approx \boldsymbol{x}_0 - (\hat{\varphi} \times \boldsymbol{x}_0)\varepsilon \quad \text{bzw.} \quad \boldsymbol{x}_0 \approx \boldsymbol{x} + (\hat{\varphi} \times \boldsymbol{x})\varepsilon\,.$$

Dabei ist $\hat{\varphi}$ die Richtung, um die gedreht wird, ε der Winkel, im vorliegenden Fall also $\hat{\phi}\varepsilon = \boldsymbol{\omega} dt$. Somit ist $\dot{\boldsymbol{x}}_0 = \dot{\boldsymbol{x}} + (\boldsymbol{\omega} \times \boldsymbol{x})$, wobei der Punkt die Zeitableitung im jeweils betrachteten System bezeichnet. Setzt man dies in die kinetische Energie ein, so entsteht $T = m(\dot{\boldsymbol{x}}^2 + 2\dot{\boldsymbol{x}} \cdot (\boldsymbol{\omega} \times \boldsymbol{x}) + (\boldsymbol{\omega} \times \boldsymbol{x})^2)/2$. Aus $U(\boldsymbol{x}_0)$ wird unterdessen $U(\boldsymbol{x}) = \bar{U}(R^{-1}(t)\boldsymbol{x})$. Wir bilden nun

$$\frac{\partial L}{\partial \dot{x}_i} = m\dot{x}_i + m(\boldsymbol{\omega} \times \boldsymbol{x})_i$$

$$\frac{\partial L}{\partial x_i} = -\frac{\partial \bar{U}}{\partial x_i} + m(\dot{\boldsymbol{x}} \times \boldsymbol{\omega})_i + m((\boldsymbol{\omega} \times \boldsymbol{x}) \times \boldsymbol{\omega})_i\,.$$

Es folgt die Bewegungsgleichung

$$m\ddot{\boldsymbol{x}} = -\nabla U - 2m(\boldsymbol{\omega} \times \dot{\boldsymbol{x}}) - m\boldsymbol{\omega} \times (\boldsymbol{\omega} \times \boldsymbol{x}) - m(\dot{\boldsymbol{\omega}} \times \boldsymbol{x})\,.$$

AUFGABE

2.12 Ein ebenes Pendel sei im Schwerefeld so aufgehängt, daß der Aufhängepunkt reibungsfrei auf einer horizontalen Achse gleiten kann. (Aufhängepunkt und Pendelarm seien masselos.) Man stelle kinetische und potentielle Energie sowie die Lagrangefunktion auf.

Lösung: Die Koordinaten des Aufhängepunktes seien $(x_A, 0)$, φ der Winkel des Pendels zur Senkrechten. Die Koordinaten des Massenpunktes (Masse m, Länge des Pendelarms l) sind daher

$$x = x_A + l\cos\varphi\,, \quad y = l(1 - \sin\varphi)\,.$$

Einsetzen in $L = \frac{m}{2}(\dot{x}^2 + \dot{y}^2) + mgy$ ergibt:

$$L = \frac{m}{2}\left(\dot{x}_A^2 + l^2\dot{\varphi}^2 + 2l\cos\varphi\,\dot{x}_A\dot{\varphi}\right) + mgl(1 - \sin\varphi)\,.$$

AUFGABE

2.13 Eine Perle der Masse m im Schwerefeld kann (ohne Reibung) auf einer ebenen Kurve $s = s(\phi)$ gleiten, wo s die Bogenlänge, ϕ der Winkel zwischen Tangente und Horizontale ist. Die Kurve ist in einer vertikalen Ebene aufgestellt (s. Abb. 2.4).

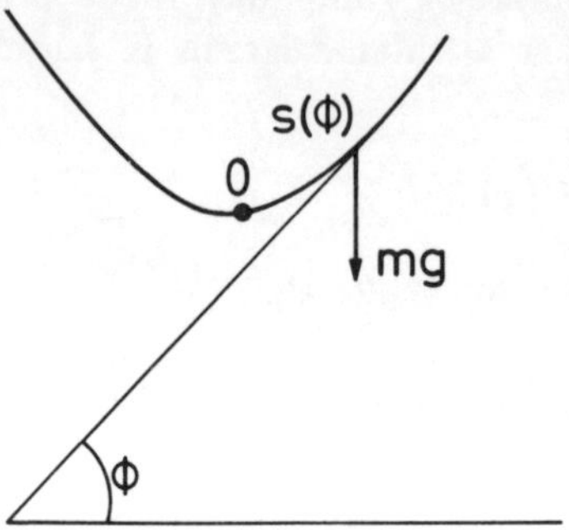

Abb. 2.4

i) Welche Gleichung erfüllt $s(t)$, wenn die Oszillation harmonisch ist?

ii) Welche Beziehung muß zwischen $s(t)$ und $\phi(t)$ bestehen? Man diskutiere diese Beziehung und damit den Ablauf der Bewegung. Was passiert in dem Grenzfall, wo s den maximalen Ausschlag erreichen kann?

iii) Nachdem man die Lösung kennt, berechne man die Zwangskraft $Z(\phi)$ und die effektive Kraft, die auf die Perle wirkt.

Lösung: i) Damit die Oszillation harmonisch ist, muß $s(t)$ die folgende Gleichung erfüllen:

$$\ddot{s} + \kappa^2 s = 0 \Rightarrow s(t) = s_0 \sin \kappa t\,.$$

ii) Die Lagrangefunktion lautet

$$L = \frac{m}{2}\dot{s}^2 - U$$

mit dem Potential

$$U = mgy = mg \int_0^s \sin \phi ds\,.$$

Damit lautet die Euler-Lagrange-Gleichung $m\ddot{s} + mg \sin \phi = 0$. Wir setzen die obige Beziehung für $s(t)$ ein und erhalten so die Gleichung $s_0\kappa^2 \sin \kappa t = g \sin \phi$.

Da die Sinusfunktion betragsmäßig immer kleiner als 1 ist, folgt

$$\lambda := s_0 \frac{\kappa^2}{g} \leq 1 \,.$$

Wir erhalten so für ϕ die Gleichung $\phi = \arcsin(\lambda \sin \kappa t)$. Die Ableitungen von ϕ sind

$$\dot{\phi} = \frac{\lambda \kappa \cos \kappa t}{\sqrt{1 - \lambda^2 \sin^2 \kappa t}} \,, \quad \ddot{\phi} = \frac{-\lambda \kappa^2 (1 - \lambda^2) \sin \kappa t}{(1 - \lambda^2 \sin^2 \kappa t)^{3/2}} \,.$$

Im Grenzfall $\lambda \to 1$ gehen $\ddot{\phi}$ gegen 0 und $\dot{\phi}$ gegen κ, außer für $\kappa t = (2n+1)/2\pi$, dort ist es singulär.

iii) Zwangskraft ist die Kraft senkrecht zur Bahn. Sie ergibt sich somit zu

$$\boldsymbol{Z}(\phi) = mg \cos \phi \begin{pmatrix} -\sin \phi \\ \cos \phi \end{pmatrix} .$$

Die effektive Kraft ist damit

$$\boldsymbol{E} = -mg \begin{pmatrix} 0 \\ 1 \end{pmatrix} + \boldsymbol{Z}(\phi) = -mg \sin \phi \begin{pmatrix} \cos \phi \\ \sin \phi \end{pmatrix} .$$

AUFGABE

2.14 *Geometrische Deutung der Legendretransformation in einer Dimension.* Es sei $f(x)$ mit $f''(x) > 0$ gegeben. Dann bilde man $(\mathcal{L}f)(x) = xf'(x) - f(x) = xz - f(x) \equiv F(x,z)$, wo $z = f'(x)$ gesetzt ist. Da $f'' \neq 0$ ist, läßt sich dies umkehren und x als Funktion von z ausdrücken: $x = x(z)$. Dann ist bekanntlich $zx(z) - f(x(z)) = (\mathcal{L}f)(z) = \Phi(z)$ die Legendretransformierte von $f(x)$.

i) Vergleicht man die Graphen der Funktionen $y = f(x)$ und $y = zx$ (bei festem z), so sieht man mit der Bedingung

$$\frac{\partial F(x,z)}{\partial x} = 0 \,,$$

daß $x = x(z)$ derjenige Punkt ist, bei dem der vertikale Abstand zwischen den beiden Graphen maximal ist (s. Abb. 2.5).

ii) Man bilde erneut die Legendretransformierte von $\Phi(z)$, das heißt zunächst $(\mathcal{L}\Phi)(z) = z\Phi'(z) - \Phi(z) = zx - \Phi(z) \equiv G(z,x)$, wo $\Phi'(z) = x$ gesetzt wurde. Man identifiziere die Gerade $y = G(z,x)$ für festes z und zeige, daß für $x = x(z)$ wieder $G(z,x) = f(x)$ ist. Welches Bild erhält man, wenn man $x = x_0$ festhält und z variiert?

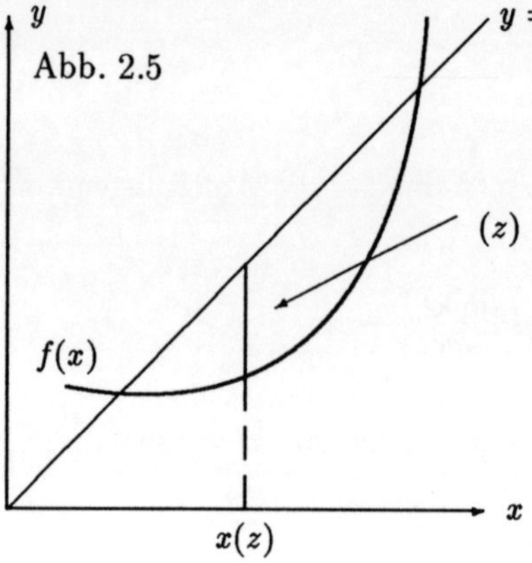

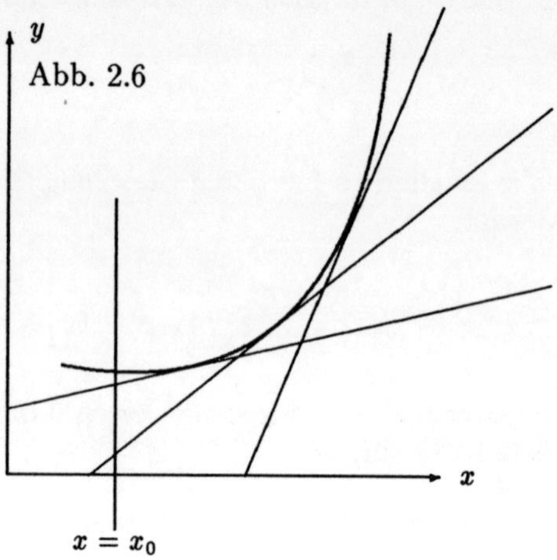

Lösung: i) Die Bedingung $\dfrac{\partial F(x,z)}{\partial x} = 0$ bedeutet, daß $z - \dfrac{\partial f}{\partial x} = 0$ ist, d. h. $z = f'(x)$. Also ist $x = x(z)$ derjenige Punkt, wo der *vertikale* Abstand zwischen $y = zx$ (z fest) und $y = f(x)$ am größten ist.

ii) Man erkennt aus der Abbildung, daß $(\mathcal{L}\Phi)(z) = zx - \Phi(z) \equiv G(z,x)$, z fest, Tangente an $f(x)$ im Punkte $x = x(z)$ (Steigung z) ist.

Hält man $x = x_0$ fest und variiert z, so entsteht die Abbildung 2.6. Für festes z ist $y = G(x,z)$ die Tangente an $f(x)$ im Punkte $x(z)$. $G(x_0,z)$ ist die Ordinate der Schnittpunkte dieser Tangente mit der Geraden $x = x_0$. Das Maximum ist bei $x_0 = x(z)$, d. h. $z(x_0) = f'(x)|_{x=x_0}$. Da $f'' > 0$ ist, liegen alle Tangenten unterhalb der Kurve. Diese Geradenschar hat als Einhüllende die Kurve $y = f(x)$.

AUFGABE

2.15 i) Es sei $L(q_1,q_2,\dot q_1,\dot q_2,t) = T - U$, wo

$$T = \sum_{j,k=1}^{2} c_{ik}\dot q_i \dot q_k + \sum_{k=1}^{2} b_k \dot q_k + a$$

ist und U nicht von $\dot q_i$ abhängt. Unter welcher Bedingung läßt sich $H(\boldsymbol{q},\boldsymbol{p},t)$ bilden, wie lauten dann p_1, p_2 und H? Bestätigen Sie, daß die Legendretransformierte von H wieder L ist, und daß gilt:

$$\det\left(\frac{\partial^2 L}{\partial \dot q_k \partial \dot q_i}\right) \cdot \det\left(\frac{\partial^2 H}{\partial \dot q_n \partial \dot q_m}\right) = 1\,.$$

Hinweis: Man setze $d_{11} = 2c_{11}$, $d_{12} = d_{21} = c_{12} + c_{21}$, $d_{22} = 2c_{22}$, $\pi_i = d_i - b_i$.

ii) Es sei nun $L = L(x_1 \equiv \dot q_1, x_2 \equiv \dot q_2, q_1, q_2, t) \equiv L(x_1,x_2,\boldsymbol{u})$ mit $\boldsymbol{u} := (q_1,q_2,t)$ eine beliebige Lagrangefunktion. Man erwartet, daß die daraus zu bildenden Impulse $p_i = p_i(x_1,x_2,\boldsymbol{u})$ unabhängige Funktionen von x_1 und x_2 sind, d. h. daß es

keine Funktion $F(p_1(x_1,x_2,\boldsymbol{u}),p_2(x_1,x_2,\boldsymbol{u}))$ gibt, die im Definitionsbereich der x_1, x_2 (und für feste $\boldsymbol{u}$) identisch verschwindet. Zeige, daß die Determinante der zweiten Ableitungen von L nach den x_i verschwinden würde, wenn p_1 und p_2 in diesem Sinne abhängig wären.
Hinweis: Betrachte dF/dx_1 und dF/dx_2!

Lösung: i) Wir bilden zunächst die kanonisch konjugierten Impulse

$$p_1 = \frac{\partial L}{\partial \dot{q}_1} = 2c_{11}\dot{q}_1 + (c_{12}+c_{21})\dot{q}_2 + b_1$$
$$p_2 = \frac{\partial L}{\partial \dot{q}_2} = (c_{12}+c_{21})\dot{q}_1 + 2c_{22}\dot{q}_2 + b_2\,.$$

Mit den angegebenen Abkürzungen läßt sich dies in folgender Form schreiben:

$$\pi_1 = d_{11}\dot{q}_1 + d_{12}\dot{q}_2\,, \quad \pi_2 = d_{21}\dot{q}_1 + d_{22}\dot{q}_2\,.$$

Um dies nach den $\dot{q}_i$ auflösen zu können, muß notwendig die Determinante

$$D := d_{11}d_{22} - d_{12}d_{21} = \det\left(\frac{\partial^2 L}{\partial \dot{q}_i \partial \dot{q}_k}\right) \neq 0$$

sein. Damit lassen sich die $\dot{q}_i$ durch die π_i ausdrücken:

$$\dot{q}_1 = \frac{1}{D}(d_{22}\pi_1 - d_{12}\pi_2)\,, \quad \dot{q}_2 = \frac{1}{D}(-d_{21}\pi_1 + d_{11}\pi_2)\,.$$

Wir bilden nun die Hamiltonfunktion und erhalten

$$H = p_1\dot{q}_1 + p_2\dot{q}_2 - L = \frac{1}{D}(c_{22}\pi_1^2 - (c_{12}+c_{21})\pi_1\pi_2 + c_{11}\pi_2^2) - a + U\,.$$

Für die angegebene Determinante erhalten wir

$$\det\left(\frac{\partial^2 H}{\partial p_i \partial p_k}\right) = \det\left(\frac{\partial^2 H}{\partial \pi_i \partial \pi_k}\right) = \frac{1}{D^2}\begin{vmatrix} d_{22} & (d_{12}+d_{21})/2 \\ (d_{12}+d_{21})/2 & d_{11} \end{vmatrix} = \frac{1}{D}\,.$$

Die Umkehrung zeigt man genauso.

ii) Wir nehmen an, daß eine Funktion $F(p_1(x_1,x_2,\boldsymbol{u}),p_2(x_1,x_2,\boldsymbol{u}))$ existiert, die im Definitionsbereich der x_i identisch verschwindet für festes $\boldsymbol{u}$. Wir bilden die Ableitungen

$$0 = \frac{dF}{dx_1} = \frac{\partial F}{\partial p_1}\frac{\partial p_1}{\partial x_1} + \frac{\partial F}{\partial p_2}\frac{\partial p_2}{\partial x_1}$$
$$0 = \frac{dF}{dx_2} = \frac{\partial F}{\partial p_1}\frac{\partial p_1}{\partial x_2} + \frac{\partial F}{\partial p_2}\frac{\partial p_2}{\partial x_2}\,.$$

Nach Voraussetzung sollen die partiellen Ableitungen von F nach den p_i nicht verschwinden (sonst wäre das Gleichungsystem trivial), daher muß die Determinante

$$D = \det\begin{pmatrix} \dfrac{\partial p_1}{\partial x_1} & \dfrac{\partial p_2}{\partial x_1} \\ \dfrac{\partial p_1}{\partial x_2} & \dfrac{\partial p_2}{\partial x_2} \end{pmatrix} = \det\left(\frac{\partial^2 L}{\partial \dot{x}_i \partial \dot{x}_k}\right)$$

ist, woraus die Behauptung folgt.

AUFGABE

2.16 Für ein Teilchen der Masse m gelte die folgende Lagrangefunktion

$$L = \frac{1}{2}m\left(\dot{x}^2 + \dot{y}^2 + \dot{z}^2\right) + \frac{\omega}{2}l_3 ,$$

wobei l_3 die z-Komponente des Drehimpulses und ω eine Frequenz sein sollen. Man stelle die Bewegungsgleichgungen auf, schreibe sie auf die komplexe Variable $x+iy$ sowie z um und löse sie. Man bilde nun die Hamiltonfunktion, identifiziere die *kinematischen* und die *kanonischen* Impulse und zeige, daß das Teilchen nur kinetische Energie besitzt und diese erhalten ist.

Lösung: Wir führen die komplexe Variable $w := x + iy$ ein. Dann ist $x = (w + w^*)/2$, $y = -i(w - w^*)/2$, $\dot{x}^2 + \dot{y}^2 = \dot{w}\dot{w}^*$. Für l_3 ergibt sich

$$l_3 = m(x\dot{y} - y\dot{x}) = \frac{m}{2i}(\dot{w}w^* - w\dot{w}^*) .$$

In den neuen Koordinaten lautet die Lagrangefunktion

$$L = \frac{m}{2}(\dot{w}\dot{w}^* + \dot{z}^2) - \frac{im\omega}{4}(\dot{w}w^* - w\dot{w}^*) .$$

Die Bewegungsgleichungen lauten dann

$$\frac{m}{2}\ddot{w}^* - \frac{im\omega}{4}\dot{w}^* = \frac{im\omega}{4}\dot{w}^* , \quad m\ddot{z} = 0 .$$

Die erste dieser beiden Gleichungen schreiben wir um auf die Variable $u := \dot{w}^*$ und erhalten $\dot{u} = i\omega u$ mit der Lösung $u = e^{i\omega t}$. w^* ist das Zeitintegral dieser Funktion, also

$$w^* = -\frac{i}{\omega}e^{i\omega t} + C ,$$

wobei C eine komplexe Konstante ist. Wir bilden die konjugiert komplexe Lösung

$$w = \frac{i}{\omega}e^{-i\omega t} + C^* ,$$

und erhalten daraus die Lösungen für x und y:

$$x = \frac{1}{2\omega}\sin\omega t + C_1 , \quad y = \frac{1}{2\omega}\cos\omega t + C_2 ,$$

wobei $C_1 = \mathrm{Re}\{C\}$, $C_2 = \mathrm{Im}\{C\}$.

Die Lösung für die z-Koordinate ergibt sich einfach als geradlinig gleichförmige Bewegung: $z = C_3 t + C_4$. Die kanonisch konjugierten Impulse sind

$$p_x = m\dot{x} - \frac{m}{2}\omega y , \quad p_y = m\dot{y} + \frac{m}{2}\omega x , \quad p_z = m\dot{z} ,$$

während die kinetischen Impulse durch die Beziehung $\boldsymbol{p}_{\mathrm{kin}} = m\dot{\boldsymbol{x}}$ gegeben sind. Wir bilden jetzt die Hamiltonfunktion. Dazu drücken wir die Geschwindigkeiten durch die kanonischen Impulse aus:

$$\dot{x} = \frac{1}{m}p_x + \frac{\omega}{2}y\,, \quad \dot{y} = \frac{1}{m}p_y - \frac{\omega}{2}x\,, \quad \dot{z} = \frac{1}{m}p_z\,.$$

Dann ergibt sich H zu

$$H = \boldsymbol{p}\cdot\dot{\boldsymbol{x}} - L = \frac{1}{2m}(p_x^2 + p_y^2 + p_z^2)\,.$$

AUFGABE

2.17 *Invarianz unter Zeittranslation und Satz von E. Noether.* Man kann den Satz von Noether auch auf den Fall der Invarianz der Lagrangefunktion unter Zeittranslationen anwenden, wenn man folgenden Trick benutzt. Man mache t zu einer $\boldsymbol{q}$-artigen Variablen, indem man sowohl für $\boldsymbol{q}$ als auch für t eine Parameterdarstellung $\boldsymbol{q} = \boldsymbol{q}(\tau)$, $t = t(\tau)$ annimmt und die folgende Lagrangefunktion definiert:

$$\bar{L}\left(\boldsymbol{q}, t, \frac{d\boldsymbol{q}}{d\tau}, \frac{dt}{d\tau}\right) := L\left(\boldsymbol{q}, \frac{1}{(dt/d\tau)}\frac{d\boldsymbol{q}}{d\tau}, t\right)\frac{dt}{d\tau}\,.$$

i) Man überlege sich, daß das Hamiltonsche Extremalprinzip auf $\bar{L}$ angewandt dieselben Bewegungsgleichungen liefert wie die für L.

ii) Es sei L invariant unter Zeittranslationen

$$h^s(\boldsymbol{q}, t) = (\boldsymbol{q}, t + s)\,. \tag{1}$$

Wenden Sie den Satz von Noether auf $\bar{L}$ an und identifizieren Sie die der Invarianz (1) entsprechende Konstante der Bewegung.

Lösung: i) Das Hamiltonsche Extremalprinzip, auf $\bar{L}$ angewandt, fordert, daß

$$\bar{I} := \int_{\tau_1}^{\tau_2} \bar{L} d\tau$$

extremal sei. Nun ist aber

$$\int_{\tau_1}^{\tau_2} \bar{L} d\tau = \int_{t_1}^{t_2} L dt \quad \text{mit } t_i = t(\tau_i, i = 1, 2.$$

$\bar{I}$ wird genau dann extremal, wenn die Lagrangegleichungen zu L erfüllt sind.

ii) Wir setzen $\boldsymbol{q} = (q_1, \ldots, q_f)$, $t = q_{f+1}$. Nach dem Noetherschen Satz ist

$$I = \sum_{i=1}^{f+1} \frac{\partial \bar{L}}{\partial \dot{q}_i} \frac{d}{ds} h^s(q_1, \ldots, q_{f+1})\bigg|_{s=0}$$

ein Integral der Bewegung, wenn $\bar{L}$ unter $(q_1, \ldots, q_{f+1}) \to h^s(q_1, \ldots, q_{f+1})$ invariant ist, hier also unter $(q_1, \ldots, q_{f+1}) \to (q_1, \ldots, q_{f+1} + s)$. Es ist

$$\frac{dh^s}{ds}\bigg|_{s=0} = (0, \ldots, 0, 1) \quad \text{und}$$

$$\frac{\partial \bar{L}}{\partial \dot{q}_{f+1}} = \frac{\partial \bar{L}}{\partial (dt/d\tau)} = L + \sum_{i=1}^{f} \frac{\partial L}{\partial \dot{q}_i} \left(-\frac{1}{(dt/d\tau)^2} \right) \frac{dq_i}{d\tau} \frac{dt}{d\tau} = L - \sum_{i=1}^{f} \frac{\partial L}{\partial \dot{q}_i} \frac{dq_i}{dt} \, .$$

Die Erhaltungsgröße ist

$$I = L - \sum_{i=1}^{f} \frac{\partial L}{\partial \dot{q}_i} \frac{dq_i}{dt} \, .$$

Das ist bis auf das Vorzeichen der Ausdruck für die Energie.

AUFGABE

2.18 Es sei S eine Kugel mit Radius R um den Punkt P, an der ein Massenpunkt elastisch gestreut wird. Es soll gezeigt werden, daß die physikalisch mögliche Bahn $A \to B \to \Omega$ sich dadurch auszeichnet, daß sie *maximale* Länge hat, siehe Abb. 2.7. *Hinweise:* Zunächst überlege man sich, daß die Winkel α und β gleich sein müssen. Man stelle das Wirkungsintegral auf. Man zeige dann, daß jeder andere Weg $AB'\Omega$ kürzer wäre, indem man mit dem geometrischen Ort desjenigen Punktes vergleicht, für den die Summe der Abstände zu A und Ω konstant und gleich der Länge des physikalischen Weges ist.

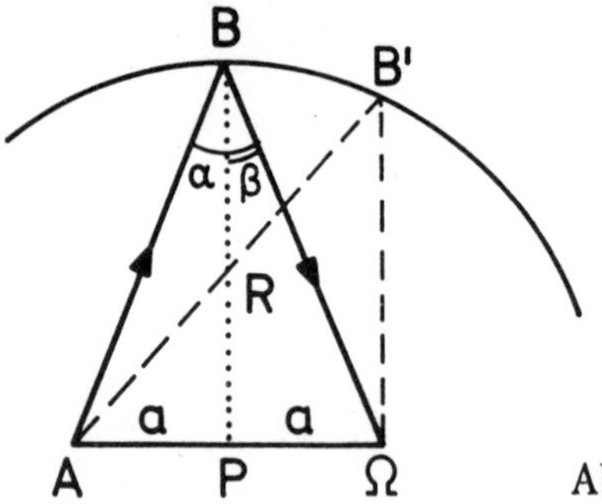

Abb. 2.7

Lösung: Der geometrische Ort des Punktes, für den die Summe der Abstände zu A und B gleich bleibt und gleich $AB + B\Omega$ ist, ist das Ellipsoid mit den Brennpunkten A und Ω, kleiner Halbachse R und großer Halbachse $\sqrt{R^2 + a^2}$. Die reflektierende Kugel liegt *innerhalb* dieses Ellipsoides, sie berührt es am Punkt B von innen.

AUFGABE

2.19 i) Man zeige: Unter kanonischen Transformationen behält das *Produkt* $p_i q_i$ seine Dimension bei, d. h. $[P_i Q_i] = [p_i q_i]$, wo $[A]$ die Dimension der Größe A bezeichnet. Es sei Φ die erzeugende Funktion für eine kanonische Transformation. Man zeige, daß

$$[p_i q_i] = [P_k Q_k] = [\Phi] = [H \cdot t]$$

gilt, wobei H die Hamiltonfunktion und t die Zeitvariable sind.

ii) In der Hamiltonfunktion des harmonischen Oszillators $H = p^2/2m + m\omega^2 q^2/2$ werden die Variablen

$$x_1 := \omega\sqrt{m}q\,, \quad x_2 := p/\sqrt{m}\,, \quad \tau := \omega t$$

eingeführt, womit $H = (x_1^2 + x_2^2)/2$ wird. Wie lautet die Erzeugende $\hat{\Phi}(x_1, y_1)$ der kanonischen Transformation $x \xrightarrow[\hat{\Phi}]{} y$, die der Funktion $\Phi(q, Q) = (m\omega q^2/2)\cot Q$ entspricht? Man berechne die Matrix $M_{\alpha\beta} = (\partial x_\alpha/\partial y_\beta)$ und bestätige $\det \underset{\sim}{M} = 1$ und $\underset{\sim}{M}^T \underset{\sim}{J} \underset{\sim}{M} = \underset{\sim}{J}$.

Lösung: i) Wir setzen wie üblich $x_\alpha = (q_1, \ldots, q_f; p_1, \ldots, p_f)$ und $y_\beta = (Q_1, \ldots, Q_f; P_1, \ldots, P_f)$, sowie $M_{\alpha\beta} = \partial x_\alpha/\partial y_\beta$. Es gilt bekanntlich

$$\underset{\sim}{M}^T \underset{\sim}{J} \underset{\sim}{M} = \underset{\sim}{J}\,, \quad \text{und} \quad \underset{\sim}{J} = \begin{pmatrix} 0_{f\times f} & 1\!\!1_{f\times f} \\ -1\!\!1_{f\times f} & 0_{f\times f} \end{pmatrix}. \tag{1}$$

Die Gleichung verknüpft immer $\partial P_k/\partial p_i$ mit $\partial q_i/\partial Q_k$, $\partial Q_j/\partial p_l$ mit $\partial q_l/\partial P_j$, etc. Folglich gilt stets $[P_k \cdot Q_k] = [p_j \cdot q_j]$. Sei $\Phi(\underset{\sim}{x}, \underset{\sim}{y})$ Erzeugende der kanonischen Transformation. Da $\tilde{H} = H + \partial\Phi/\partial t$ gilt, hat Φ die Dimension des Produkts $H \cdot t$. Aus den kanonischen Gleichungen folgt dann die Behauptung.

ii) Mit der kanonischen Transformation Φ und bei Verwendung von $\tau := \omega t$ geht H in $\tilde{H} = H + \partial\Phi/\partial\tau$ über. Daher ist $[\Phi] = [H] = [x_1 \cdot x_2] = [\omega] \cdot [p \cdot q]$. Die neue verallgemeinerte Koordinate ist $y_1 = Q$ und trägt keine Dimension. Da $y_1 \cdot y_2$ dieselbe Dimension wie $x_1 \cdot x_2$ hat, muß y_2 die Dimension von H bzw. $\tilde{H}$ haben, d. h. y_2 muß gleich ωP sein. Somit ist

$$\hat{\Phi}(x_1, y_1) = \frac{1}{2} x_1^2 \cot y_1\,.$$

Hieraus berechnet man

$$x_2 = \frac{\partial\hat{\Phi}}{\partial x_1} = x_1 \cot y_1\,, \quad y_2 = -\frac{\partial\hat{\Phi}}{\partial y_1} = \frac{x_1^2}{2\sin^2 y_1}$$

bzw.

$$x_1 = \sqrt{2y_2}\sin y_1\,, \quad x_2 = \sqrt{2y_2}\cos y_1\,.$$

Mit diesen Formeln findet man

$$\underset{\sim}{M}_{\alpha\beta} = \frac{\partial x_\alpha}{\partial y_\beta} = \begin{pmatrix} (2y_2)^{1/2}\cos y_1 & (2y_2)^{-1/2}\sin y_1 \\ -(2y_2)^{1/2}\sin y_1 & (2y_2)^{-1/2}\cos y_1 \end{pmatrix},$$

für die man die Aussagen $\det \underset{\sim}{M} = 1$ und $\underset{\sim}{M}^T \underset{\sim}{J} \underset{\sim}{M} = \underset{\sim}{J}$ leicht nachprüft.

AUFGABE

2.20 In zwei Dimensionen, also $f = 1$, ist die Sp_{2f} besonders einfach.

i) Man zeige, daß jedes

$$\underset{\sim}{M} = \begin{pmatrix} a_{11} & a_{12} \\ a_{21} & a_{22} \end{pmatrix}$$

genau dann symplektisch ist, wenn $a_{11}a_{22} - a_{12}a_{21} = 1$ ist.

ii) Insbesondere gehören die orthogonalen Matrizen

$$\underset{\sim}{Q} = \begin{pmatrix} \cos\alpha & \sin\alpha \\ -\sin\alpha & \cos\alpha \end{pmatrix}$$

und ebenso die reellen symmetrischen Matrizen

$$\underset{\sim}{S} = \begin{pmatrix} x & y \\ y & z \end{pmatrix} \quad \text{mit} \quad xz - y^2 = 1$$

zur Sp_{2f}. Man zeige, daß jedes $\underset{\sim}{M} \in \mathrm{Sp}_{2f}$ als Produkt

$$\underset{\sim}{M} = \underset{\sim}{S} \cdot \underset{\sim}{Q}$$

einer symmetrischen Matrix $\underset{\sim}{S}$ mit Determinante 1 und einer orthogonalen Matrix $\underset{\sim}{Q}$ geschrieben werden kann.

Lösung: i) Für $f = 1$ ist die Bedingung $\det \underset{\sim}{M} = 1$ notwendig und hinreichend, denn es ist allgemein

$$\underset{\sim}{M}^T \underset{\sim}{J} \underset{\sim}{M} = \begin{pmatrix} 0 & 1 \\ -1 & 0 \end{pmatrix} (a_{11}a_{22} - a_{12}a_{21}) = \underset{\sim}{J} \det \underset{\sim}{M} \,.$$

ii) Man berechnet $\underset{\sim}{S} \cdot \underset{\sim}{Q}$ und setzt dies gleich $\underset{\sim}{M}$. Das ergibt die Gleichungen

$$x\cos\alpha - y\sin\alpha = a_{11} \qquad (1)$$

$$x\sin\alpha + y\cos\alpha = a_{12} \qquad (2)$$

$$y\cos\alpha - z\sin\alpha = a_{21} \qquad (3)$$

$$y\sin\alpha + z\cos\alpha = a_{22} \qquad (4)$$

Bildet man die Kombination $((2)-(3))/((1)+(4))$ dieser Gleichungen, so folgt

$$\tan\alpha = \frac{a_{12} - a_{21}}{a_{11} + a_{22}} \,.$$

Da man daraus $\sin\alpha$ und $\cos\alpha$ berechnen kann, lassen sich die Gleichungssysteme $\{(1),(2)\}$ bzw. $\{(3),(4)\}$ nach x, y und z auflösen: $x = a_{11}\cos\alpha + a_{12}\sin\alpha$, $z = a_{22}\cos\alpha - a_{21}\sin\alpha$, $y^2 = xz - 1$.

Ein Sonderfall muß allerdings getrennt betrachtet werden: der Fall $a_{11} + a_{22} = 0$. Ist dabei $a_{12} \neq a_{21}$, so bilden wir die Inverse der obigen Beziehung:

$$\cot\alpha = \frac{a_{11} + a_{22}}{a_{12} - a_{21}} \,.$$

Ist dagegen $a_{12} = a_{21}$, so ist $\underset{\sim}{M}$ symmetrisch, und wir können $\underset{\sim}{Q}$ gleich der Einheitsmatrix setzen, d. h. $\alpha = 0$.

AUFGABE

2.21 i) Man berechne die folgenden Poissonklammern:

$$\{l_i, r_k\} \,, \quad \{l_i, p_k\} \,, \quad \{l_i, r\} \,, \quad \left\{l_i, \boldsymbol{p}^2\right\} \,,$$

[$\boldsymbol{r}$, $\boldsymbol{p}$ und $\boldsymbol{l} = \boldsymbol{r} \times \boldsymbol{p}$ beziehen sich auf ein Einteilchensystem.]

ii) Wenn die Hamiltonfunktion H unter beliebigen Drehungen invariant sein soll, wovon kann dann das Potential nur abhängen? [H habe die natürliche Form $H = T + U$.]

Lösung: i) $\{l_i, r_k\} = \{\varepsilon_{imn} r_m p_n, r_k\} = \varepsilon_{imn} r_m \{p_n, r_k\} + \varepsilon_{imn} p_n \{r_m, r_k\} = \varepsilon_{imn} r_m \delta_{nk} = \varepsilon_{imk} r_m$. Ebenso folgt $\{l_i, p_k\} = \varepsilon_{ikm} p_m$. Zur Berechnung der dritten Poissonklammer beachten wir

$$\begin{aligned}\{l_i, r\} &= \{\varepsilon_{imn} r_m p_n, r\} = \varepsilon_{imn} r_m \{p_n, r\} + \varepsilon_{imn} p_n \{r_m, r\} \\ &= \varepsilon_{imn} r_m \frac{\partial r}{\partial r_n} = \varepsilon_{imn} r_m r_n \frac{1}{r} = 0 \,.\end{aligned}$$

Schließlich ist noch

$$\begin{aligned}\left\{l_i, \boldsymbol{p}^2\right\} &= \{\varepsilon_{imn} r_m p_n, p_k p_k\} = \varepsilon_{imn} r_m \{p_n, p_k p_k\} + \varepsilon_{imn} p_n \{r_m, p_k p_k\} \\ &= 2\varepsilon_{imn} p_n p_k \delta_{mk} = \varepsilon_{imn} p_n p_k = 0 \,.\end{aligned}$$

ii) Nur von r.

AUFGABE

2.22 Man zeige unter Verwendung der Poissonklammern: Für das System $H = T + U(r)$ mit $U(r) = \gamma/r$, γ eine Konstante, ist der Vektor

$$\boldsymbol{A} = \boldsymbol{p} \times \boldsymbol{l} + \boldsymbol{x} m\gamma/r$$

eine Erhaltungsgröße (Lenzscher Vektor).

Lösung: Der Vektor $\boldsymbol{A}$ ist genau dann eine Erhaltungsgröße, wenn die Poissonklammer jeder seiner Komponenten mit der Hamiltonfunktion verschwindet. Wir berechnen daher

$$\begin{aligned}\{H, A_k\} &= \left\{\frac{1}{2m}\boldsymbol{p}^2 + \frac{\gamma}{r}, \varepsilon_{klm} p_l l_m + \frac{m\gamma}{r} r_k\right\} \\ &= \frac{1}{2m}\varepsilon_{klm}\{\boldsymbol{p}^2, p_l l_m\} + \gamma\varepsilon_{klm}\{1/r, p_l l_m\} \\ &\quad + \frac{\gamma}{2}\{\boldsymbol{p}^2, r_k/r\} + m\gamma^2\{1/r, r_k/r\} \,.\end{aligned}$$

Die letzte dieser Poissonklammern verschwindet, die anderen berechnen wir zu

$$\begin{aligned}\{\boldsymbol{p}^2, p_l l_m\} &= \{\boldsymbol{p}^2, p_l\} l_m + \{\boldsymbol{p}^2, l_m\} p_l = 0 \\ \{1/r, p_l l_m\} &= \{1/r, p_l\} l_m + \{1/r, l_m\} p_l = r_l/r^3 l_m \\ \{\boldsymbol{p}^2, r_k/r\} &= 1/r \boldsymbol{p}^2, r_k + r_k\{\boldsymbol{p}^2, 1/r\} = 2p_k/r - 2r_k \boldsymbol{p}\cdot\boldsymbol{x}/r^3 \,.\end{aligned}$$

Setzen wir all dies zusammen, so erhalten wir

$$\{H, A_k\} = \gamma\varepsilon_{klm} r_l/r^3 l_m + \gamma p_k/r - r_k \boldsymbol{p}\cdot\boldsymbol{x}/r^3 = 0 \,.$$

AUFGABE

2.23 Die Bewegung eines Teilchens der Masse m werde durch die Hamiltonfunktion

$$H = \frac{1}{2m}\left(p_1^2 + p_2^2\right) + m\alpha q_1\,, \quad \alpha = \text{const.}$$

beschrieben. Man berechne die Lösungen der Bewegungsgleichungen zu den Anfangsbedingungen

$$q_1(0) = x_0\,,\ q_2(0) = y_0\,,\ p_1(0) = p_x\,,\ p_2(0) = p_y$$

mit Hilfe der Poissonklammern.

Lösung: Wir stellen die Poissonklammern auf und lösen die entstehenden Differentialgleichungen unter Beachtung der angegebenen Anfangsbedingungen:

$$\begin{aligned}
\dot p_1 &= \{H, p_1\} = -m\alpha \Rightarrow p_1 = -m\alpha t + p_x\,,\\
\dot p_2 &= \{H, p_2\} = 0 \Rightarrow p_2 = p_y\,,\\
\dot q_1 &= \{H, q_1\} = \frac{1}{m}p_1 \Rightarrow q_1 = -\frac{1}{2}\alpha t^2 + \frac{p_x}{m}t + x_0\,,\\
\dot q_2 &= \{H, q_2\} = \frac{1}{m}p_2 \Rightarrow q_2 = \frac{p_y}{m}t + y_0\,.
\end{aligned}$$

AUFGABE

2.24 Für ein System aus drei Teilchen mit den Massen m_i und den Koordinaten $\boldsymbol{r}_i$ und Impulsen $\boldsymbol{p}_i$ führe man die folgenden neuen Koordinaten ein (*Jacobische Koordinaten*)

$\boldsymbol{\rho}_1 := \boldsymbol{r}_1 - \boldsymbol{r}_2$ (Relativkoordinate von Teilchen 1 und 2)

$\boldsymbol{\rho}_2 := \boldsymbol{r}_3 - (m_1\boldsymbol{r}_1 + m_2\boldsymbol{r}_2)/(m_1 + m_2)$ (Relativkoordinate von Teilchen 3 und Schwerpunkt der ersten beiden Teilchen)

$\boldsymbol{\rho}_3 := (m_1\boldsymbol{r}_1 + m_2\boldsymbol{r}_2 + m_3\boldsymbol{r}_3)/(m_1 + m_2 + m_3)$ (Schwerpunkt aller drei Teilchen)

$\boldsymbol{\pi}_1 := m_1\boldsymbol{p}_2 - m_2\boldsymbol{p}_1$

$\boldsymbol{\pi}_2 := [(m_1 + m_2)\boldsymbol{p}_3 - m_3(\boldsymbol{p}_1 + \boldsymbol{p}_2)]/(m_1 + m_2 + m_3)$

$\boldsymbol{\pi}_3 := \boldsymbol{p}_1 + \boldsymbol{p}_2 + \boldsymbol{p}_3$

i) Welche physikalische Bedeutung haben die Impulse $\boldsymbol{\pi}_1$, $\boldsymbol{\pi}_2$, $\boldsymbol{\pi}_3$?

ii) Wie würde man solche Koordinaten für ein System von 4 Teilchen bzw. n Teilchen definieren?

iii) Man zeige auf mindestens zwei Weisen, daß die Transformation

$$\{\boldsymbol{r}_1, \boldsymbol{r}_2, \boldsymbol{r}_3, \boldsymbol{p}_1, \boldsymbol{p}_2, \boldsymbol{p}_3\} \to \{\boldsymbol{\rho}_1, \boldsymbol{\rho}_2, \boldsymbol{\rho}_3, \boldsymbol{\pi}_1, \boldsymbol{\pi}_2, \boldsymbol{\pi}_3\}$$

eine kanonische Transformation ist.

Lösung: i) Bezeichnen $\mu_1 = m_1 m_2/(m_1+m_2)$ und $\mu_2 = (m_1+m_2)m_3/(m_1+m_2+m_3)$ die reduzierten Massen der Zweiteilchensysteme (1,2) bzw. (Schwerpunkt von 1 und 2, 3), so sieht man leicht, daß $\boldsymbol{\pi}_1 = \mu_1 \dot{\boldsymbol{\rho}}_1$ und $\boldsymbol{\pi}_2 = \mu_2 \dot{\boldsymbol{\rho}}_2$ gilt. Damit ist die Bedeutung dieser beiden Impulse klar. $\boldsymbol{\pi}_3$ ist der Impuls des Schwerpunkts.

ii) Wir definieren die folgenden Abkürzungen:

$$M_j := \sum_{i=1}^{j} m_j \,,$$

d. h. M_j ist die Gesamtmasse der Teilchen $1,\ldots,j$. Dann können wir schreiben:

$$\begin{aligned}
\boldsymbol{\rho}_j &= \boldsymbol{r}_{j+1} - \frac{1}{M_j}\sum_{i=1}^{j} m_j \boldsymbol{r}_j \,, \quad j = 1,\ldots,N-1 \\
\boldsymbol{\rho}_N &= \frac{1}{M_N}\sum_{i=1}^{N} m_i \boldsymbol{r}_i \,, \\
\boldsymbol{\pi}_j &= \frac{1}{M_{j+1}}\left(M_j \boldsymbol{p}_{j+1} - m_{j+1}\sum_{i=1}^{j} \boldsymbol{p}_j \right) \,, \quad j = 1,\ldots,N-1 \\
\boldsymbol{\pi}_N &= \sum_{i=1}^{N} \boldsymbol{p}_i \,.
\end{aligned}$$

iii) Wir wählen folgende Möglichkeiten:

(a) Da für die Poissonklammern der $\boldsymbol{r}_i$ und $\boldsymbol{p}_i$ $\{\boldsymbol{p}_i, \boldsymbol{r}_k\} = 1\!\!1_{3\times 3}\delta_{ik}$ gilt, muß auch $\{\boldsymbol{\pi}_i, \boldsymbol{\rho}_k\} = 1\!\!1_{3\times 3}\delta_{ik}$ erfüllt sein. Dabei verwenden wir diese Kurzschreibweise, mit der gemeint ist, daß $\{(\boldsymbol{p}_i)_m, (\boldsymbol{r}_k)_n\} = \delta_{ik}\delta_{nm}$, wo $(\cdot)_m$ die m-te kartesische Komponente bedeute. Unter Verwendung der ersten Poissonklammern rechnet man die zweiten aus den Definitionsformeln nach. Im einzelnen, mit den Bezeichnungen $m_{12} := m_1 + m_2$, $M := m_1 + m_2 + m_3$:

$$\{\boldsymbol{\pi}_1, \boldsymbol{\rho}_1\} = \left(\frac{m_1}{m_{12}} + \frac{m_2}{m_{12}}\right) 1\!\!1 = 1\!\!1 \,, \quad \{\boldsymbol{\pi}_2, \boldsymbol{\rho}_1\} = \left(\frac{m_3}{M} - \frac{m_3}{M}\right) 1\!\!1 = 0 \,, \text{etc.}$$

(b) Man führt die Variablen $x = (\boldsymbol{r}_1, \boldsymbol{r}_2, \boldsymbol{r}_3, \boldsymbol{p}_1, \boldsymbol{p}_2, \boldsymbol{p}_3)$ und $y = (\boldsymbol{\rho}_1, \boldsymbol{\rho}_2, \boldsymbol{\rho}_3, \boldsymbol{\pi}_1, \boldsymbol{\pi}_2, \boldsymbol{\pi}_3)$ im 18-dimensionalen Phasenraum ein, berechnet die Matrix $M_{\alpha\beta} := \partial y_\alpha / \partial x_\beta$ und bestätigt, daß diese symplektisch ist, d. h. $\underset{\sim}{M}^T \underset{\sim}{J} \underset{\sim}{M} = \underset{\sim}{J}$ erfüllt. Die Rechnung vereinfacht sich, wenn man beachtet, daß $\underset{\sim}{M}$ die Form

$$\begin{pmatrix} \underset{\sim}{A} & 0 \\ 0 & \underset{\sim}{B} \end{pmatrix}$$ hat, d. h. daß

$$\underset{\sim}{M}^T \underset{\sim}{J} \underset{\sim}{M} = \begin{pmatrix} 0 & \underset{\sim}{A}^T \underset{\sim}{B} \\ -\underset{\sim}{B}^T \underset{\sim}{A} & 0 \end{pmatrix}$$

ist. Es genügt also nachzurechnen, daß $\underset{\sim}{A}^T \underset{\sim}{B} = 1\!\!1_{9\times 9}$ ist. Man findet

$$\underset{\sim}{A} = \begin{pmatrix} -1\!\!1 & 1\!\!1 & 0 \\ -m_1/m_{12} 1\!\!1 & -m_2/m_{12} 1\!\!1 & 1\!\!1 \\ m_1/M 1\!\!1 & m_2/M 1\!\!1 & m_3/M 1\!\!1 \end{pmatrix} ,$$

$$\underset{\sim}{B} = \begin{pmatrix} -m_2/m_{12}\mathbb{1} & m_1/m_{12}\mathbb{1} & 0 \\ -m_3/M\mathbb{1} & -m_3/M\mathbb{1} & -m_{12}/M\mathbb{1} \\ \mathbb{1} & \mathbb{1} & \mathbb{1} \end{pmatrix},$$

wo die Einträge selbst 3×3 Matrizen sind. Jetzt berechnet man $(\underset{\sim}{A}^T \underset{\sim}{B})_{ik} = \sum_l A_{li} B_{lk}$, also z. B.

$$(\underset{\sim}{A}^T \underset{\sim}{B})_{11} = \frac{m_2}{m_{12}} + \frac{m_1 m_3}{m_{12} M} + \frac{m_1}{M} = 1 \,, \quad \text{etc.}$$

und bestätigt, daß $\underset{\sim}{A}^T \underset{\sim}{B} = \mathbb{1}_{9\times 9}$ ist.

AUFGABE

2.25 Sei eine Lagrangefunktion L gegeben, für die $\partial L/\partial t = 0$ ist. Man betrachte im Wirkungsintegral solche Variationen der Bahnen $q_k(t,\alpha)$, welche eine fest vorgegebene Energie $E = \sum_k \dot{q}_k(\partial L/\partial \dot{q}_k) - L$ haben und deren Endpunkte festgehalten werden ohne Rücksicht auf die Zeit $t_2 - t_1$, die das System vom Anfangspunkt bis zum Endpunkt braucht, d. h.

$$q_k(t,\alpha) \quad \text{mit} \quad \begin{cases} q_k(t_1(\alpha),\alpha) = q_k^{(1)} \,\forall \alpha \\ q_k(t_2(\alpha),\alpha) = q_k^{(2)} \,\forall \alpha \,, \end{cases} \tag{1}$$

wobei *Anfangs-* und *End*zeit variiert werden und somit von α abhängen, $t_i = t_i(\alpha)$.

i) Man berechne die Variation

$$\delta I = \left.\frac{dI(\alpha)}{d\alpha}\right|_{\alpha=0} d\alpha \quad \text{von} \quad I(\alpha) = \int\limits_{t_1(\alpha)}^{t_2(\alpha)} L(q_k(t,\alpha), \dot{q}_k(t,\alpha))dt \,.$$

ii) Man beweise, daß das Variationsprinzip

$$\delta K = 0 \quad \text{mit} \quad K := \int\limits_{t_1}^{t_2} (L+E)dt$$

mit den Vorschriften (1) zu den Lagrangeschen Gleichungen äquivalent ist (Prinzip der kleinsten Wirkung von Euler und Maupertuis).

Lösung: i) Die Variation von $I(\alpha)$ ist im beschriebenen Fall

$$\begin{aligned} \delta I &= \left.\frac{dI(\alpha)}{d\alpha}\right|_{\alpha=0} d\alpha \\ &= L(q_k(t_2(0),0), \dot{q}_k(t_2(0),0)) \left.\frac{dt_2(\alpha)}{d\alpha}\right|_{\alpha=0} d\alpha \\ &\quad - L(q_k(t_1(0),0), \dot{q}_k(t_1(0),0)) \left.\frac{dt_1(\alpha)}{d\alpha}\right|_{\alpha=0} d\alpha \end{aligned}$$

$$+\int_{t_1(0)}^{t_2(0)}\left(\sum_k \frac{\partial L}{\partial q_k}\left.\frac{\partial q_k(t,\alpha)}{\partial \alpha}\right|_{\alpha=0} d\alpha+\sum_k \frac{\partial L}{\partial \dot{q}_k}\left.\frac{\partial \dot{q}_k(t,\alpha)}{\partial \alpha}\right|_{\alpha=0} d\alpha\right) dt\,.$$

Wir setzen

$$\left.\frac{\partial q_k}{\partial \alpha}\right|_0 d\alpha=\delta q_k \quad \text{und} \quad \left.\frac{\partial \dot{q}_k}{\partial \alpha}\right|_0 d\alpha=\delta \dot{q}_k=\frac{d}{dt}\delta q_k\,,$$

wie gewohnt, und außerdem $dt_i(\alpha)/d\alpha|_0\, d\alpha = dt_i$, $i = 1,2$. Die Zeitableitung $d\delta q_k/dt$ wälzt man durch partielle Integration auf $\partial L/\partial \dot{q}_k$ ab, erhält diesmal aber nichtverschwindende Randterme, weil die δt_i ungleich Null sind; es ist

$$\int_{t_1(0)}^{t_2(0)} \frac{\partial L}{\partial \dot{q}_k}\frac{d}{dt}\delta q_k dt=\left[\frac{\partial L}{\partial \dot{q}_k}\frac{d}{dt}\delta q_k dt\right]_{t_1(0)}^{t_2(0)}-\int_{t_1(0)}^{t_2(0)}\left(\frac{d}{dt}\frac{\partial L}{\partial \dot{q}_k}\right)\delta q_k dt\,.$$

Die Randpunkte sollen festgehalten sein, d. h. es soll gelten

$$\left.\frac{dq_k(t_i(\alpha),\alpha)}{d\alpha}\right|_{\alpha=0}=0\,,\quad i=1,2\,.$$

Führt man die Ableitung nach α aus, so heißt das, daß

$$\left.\frac{dq_k(t_i(\alpha),\alpha)}{d\alpha}\right|_0=\left.\frac{\partial q_k}{\partial t}\right|_{t=t_i}\left.\frac{dt_i(\alpha)}{d\alpha}\right|_{\alpha=0} d\alpha+\left.\frac{\partial q_k}{\partial \alpha}\right|_{t=t_i,\alpha=0} d\alpha$$

$$\equiv \dot{q}_k(t_i)\delta t_i+\delta q_k|_{t=t_i}=0$$

ist. Setzt man dies in δI ein, so folgt das Ergebnis

$$\delta I=\left[\left(L-\sum_k\frac{\partial L}{\partial \dot{q}_k}\dot{q}_k\right)\delta t_i\right]_{t_1(0)}^{t_2(0)}+\int_{t_1(0)}^{t_2(0)} dt\sum_k\left(\frac{\partial L}{\partial q_k}-\frac{d}{dt}\frac{\partial L}{\partial \dot{q}_k}\right)\delta q_k\,.$$

ii) In derselben Weise berechnet man δK, nämlich

$$\delta K=\delta\int_{t_1}^{t_2}(L+E)dt$$

$$=\left[\left(L-\sum_k\frac{\partial L}{\partial \dot{q}_k}\dot{q}_k\right)\delta t_i\right]_{t_1}^{t_2}+\int_{t_1}^{t_2} dt\sum_k\left(\frac{\partial L}{\partial q_k}-\frac{d}{dt}\frac{\partial L}{\partial \dot{q}_k}\right)\delta q_k+[E\delta t_i]_{t_1}^{t_2}$$

$$=0\,.$$

Nun ist aber $E=\sum_k \dot{q}_k(\partial L/\partial \dot{q}_k)-L$ nach Voraussetzung konstant. Der erste und dritte Term der Gleichung heben sich daher weg. Da die δq_k unabhängig sind, findet man in der Tat die Aussage

$$\delta K \stackrel{!}{=} 0 \Longleftrightarrow \frac{\partial L}{\partial q_k}-\frac{d}{dt}\frac{\partial L}{\partial \dot{q}_k}=0\,,\quad k=1,\ldots,f\,.$$

AUFGABE

2.26 Es sei die kinetische Energie

$$T = \sum_{i,k=1}^{f} g_{ik}\dot{q}_i\dot{q}_k = \frac{1}{2}(L+E)$$

eine symmetrische positive Form in den $\dot{q}_i$. Das System durchläuft eine Bahn im Raum der q_k, die durch ihre Bogenlänge s charakterisiert sei derart, daß $T = (ds/dt)^2$. Ist nun $E = T + U$, so läßt sich das Integral K durch ein Integral über s ersetzen. Man führe dies aus und vergleiche das so entstehende Integralprinzip mit dem Fermatschen Prinzip der geometrischen Optik (n: Brechungindex, ν: Frequenz):

$$\delta \int_{x_1}^{x_2} n(\boldsymbol{x},\nu)ds = 0\,.$$

Lösung: Wir schreiben

$$T = \sum g_{ik}\dot{q}_i\dot{q}_k = \left(\frac{ds}{dt}\right)^2 = \frac{1}{2}(L+E) = E - U$$

und erhalten $Tdt = (ds/dt)ds = \sqrt{E-U}ds$. Das Euler-Maupertuis-Prinzip $\delta K = 0$ bedeutet, daß

$$\delta \int_{\underset{\sim}{q}^1}^{\underset{\sim}{q}^2} \sqrt{E-U}ds = 0$$

sein muß. Das Fermatsche Prinzip sagt andererseits folgendes aus: Ein Lichtblitz durchläuft das Stück ds seines Weges in der Zeit $dt = n(\boldsymbol{x},\nu)/c \cdot ds$. Es wählt einen solchen physikalischen Weg, daß das Integral $\int dt$ ein Extremum ist, d. h. daß $\delta \int n(\boldsymbol{x},\nu)\cdot ds = 0$ ist. Eine Analogie ist hergestellt, wenn man dem Teilchen die dimensionslose Größe $((E-U)/mc^2)^{1/2}$ als „Brechungsindex" zuordnet (s. auch Aufgabe 1.12).

AUFGABE

2.27 Es sei $H = p^2/2 + U(q)$, wobei $U(q)$ bei q_0 ein lokales Minimum habe, so daß für ein Intervall q_1, q_2 mit $q_1 < q_0 < q_2$ $U(q)$ einen „Potentialtopf" darstellt (Abb. 2.8). Man skizziere ein solches $U(q)$ und zeige, daß es einen Bereich $U(q_0) < E \leq E_{\max}$ gibt, in dem periodische Bahnen auftreten. Man stelle die verkürzte Hamilton-Jacobi-Gleichung (M2.152) auf. Ist $S(q,E)$ ein vollständiges Integral dieser Gleichung, so ist $t - t_0 = \partial S/\partial E$. Man bilde nun das Integral

$$I(E) := \frac{1}{2\pi} \oint_{\Gamma_E} p dq$$

über die periodische Bahn Γ_E zur Energie E (das ist die von Γ_E umschlossene Fläche). Man drücke $I(E)$ als Integral über die Zeit aus. Man zeige, daß

$$\frac{dI}{dE} = \frac{T(E)}{2\pi} \quad \text{gilt.}$$

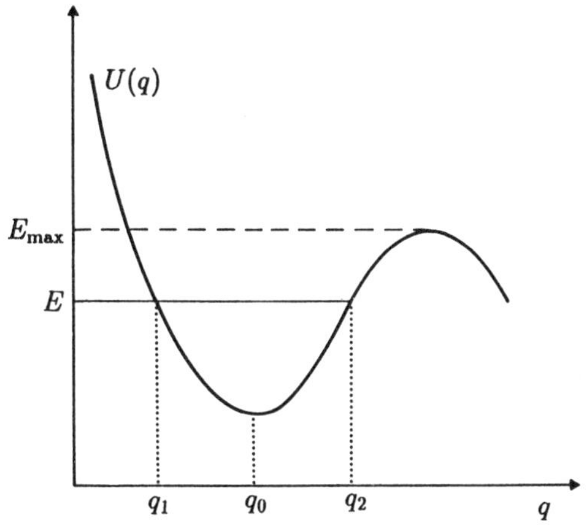

Abb. 2.8

Lösung: Für $U(q_0) < E \leq E_{\max}$ sind die Schnittpunkte q_1 und q_2 von $y = U(q)$ und $y = E$ Umkehrpunkte, und $q(t)$ oszilliert zwischen q_1 und q_2 periodisch hin und her. Die verkürzte Hamilton-Jacobische Differentialgleichung schreiben wir

$$H\left(q, \frac{\partial S(q,P)}{\partial q}\right) = E\,. \tag{1}$$

Wir wissen, daß der neue Impuls die Gleichung $\dot{P} = 0$ erfüllt, d.h. daß $P = \alpha = \text{const.}$ ist. Es steht uns frei, für diese Konstante die vorgegebene Energie zu wählen, $P = E$. Leitet man (1) nach $P = E$ ab, so ist

$$\frac{\partial H}{\partial p} \frac{\partial^2 S}{\partial q \partial P} = 1\,.$$

Falls $\partial H / \partial p \neq 0$ ist (das gilt lokal, wenn E, wie vorausgesetzt, größer als $U(q_0)$ ist), so ist $(\partial^2 S)/(\partial q \partial P) \neq 0$, und man kann die Gleichung $Q = \partial S(q,P)/\partial P$

lokal nach $q = q(Q, P)$ auflösen. Damit erhält man

$$H(q(Q,P), \frac{\partial S}{\partial q}(q(Q,P),P) \equiv \tilde{H}(Q,P) = E \equiv P\,.$$

Somit ist

$$\dot{Q} = \frac{\partial \tilde{H}}{\partial P} = 1\,, \quad \dot{P} = -\frac{\partial \tilde{H}}{\partial Q} = 0 \Rightarrow Q = t - t_0 = \frac{\partial S}{\partial E}\,.$$

Für das Integral $I(E)$ gilt

$$I(E) = \frac{1}{2\pi} \oint_{\Gamma_E} p dq = \frac{1}{2\pi} \int_{t_0}^{t_0+T(E)} p \cdot \dot{q} dt$$

und wie in Aufgabe 2.1: $dI(E)/dE = T(E)/(2\pi) \equiv \omega(E)$.

AUFGABE

2.28 In der Aufgabe 2.27 ersetze man $S(q, E)$ durch $\bar{S}(q, I)$, wo $I = I(E)$ wie dort definiert ist. $\bar{S}$ erzeugt die kanonische Transformation $(q, p, H) \to (\theta, I, \tilde{H} = E(I))$. Wie sehen die kanonischen Gleichungen in den neuen Variablen aus und kann man sie integrieren? (I und θ heißen Wirkungs- bzw. Winkelvariable.)

Lösung: $\bar{S}(q, I)$ mit I aus Aufgabe 2.27 erzeugt die Transformation von (q, p) auf die sogenannnten Winkel- und Wirkungsvariablen (θ, I) über

$$p = \frac{\partial \bar{S}(q,I)}{\partial q}\,, \quad \theta = \frac{\partial \bar{S}(q,I)}{\partial I}\,, \quad \text{mit } \tilde{H} = E(I).$$

Jetzt gilt $\dot{\theta} = \partial E/\partial I = \text{const.}$, $\dot{I} = 0$, d. h. $\theta(t) = (\partial E)/(\partial I)t + \theta_0$, $I = \text{const.}$ Bezeichnet man $\partial E/\partial I =: \omega(E)$ als Kreisfrequenz, so ist $\theta(t) = \omega t + \theta_0$, $I = \text{const.}$

AUFGABE

2.29 Es sei $H^0 = p^2/2 + q^2/2$. Man berechne das Integral $I(E)$, das in Aufgabe 2.27 definiert ist. Man löse die verkürzte Hamilton-Jacobi-Gleichung (M2.152) und schreibe die Lösung wie in Aufgabe 2.28 auf $\bar{S}(q, I)$ um. Dann ist $\theta = \partial\bar{S}/\partial I$. Man zeige, daß (q, p) mit (θ, I) über die kanonische Transformation (M2.93) aus dem Abschnitt 2.24(ii) zusammenhängen.

Lösung: Wir berechnen das Integral $I(E)$ aus Aufgabe 2.27 für den Fall $H = p^2/2 + q^2/2$: Mit $p = (2E - q^2)^{1/2}$:

$$I(E) = \frac{1}{2\pi} \oint_{\Gamma_E} p dq = \frac{1}{2\pi} \oint_{\Gamma_E} p\sqrt{2E - q^2} dq$$
$$= \frac{1}{\pi} \int_{-A}^{+A} \sqrt{A^2 - q^2} dq\,, \quad (A = \sqrt{2E}).$$

Mit $\int_{-A}^{+A} \sqrt{A^2 - x^2} dx = \pi A^2/2$ folgt schließlich $I(E) = A^2/2 = E$, d. h. $H = I$.

Die verkürzte Hamilton-Jacobi-Gleichung lautet hier

$$\frac{1}{2}\left(\frac{\partial S}{\partial q}\right)^2 + \frac{1}{2}q^2 = E\,,$$

deren Lösung man als unbestimmtes Integral schreiben kann, $S = \int \sqrt{2E - q'^2}dq'$ bzw. $\bar{S}(q,I) = \int \sqrt{2I - q'^2}dq'$. Hieraus folgt die Winkelvariable θ

$$\theta = \frac{\partial \bar{S}}{\partial I} = \int \frac{1}{\sqrt{2I - q'^2}}dq' = \arcsin \frac{q}{\sqrt{2I}}\,,$$

woraus $q = \sqrt{2I}\sin\theta$ folgt. Ebenso berechnet man

$$p = \frac{\partial \bar{S}}{\partial q} = \sqrt{2I - q^2} = \sqrt{2I}\cos\theta\,.$$

Dies sind genau die Formeln, die aus der kanonischen Transformation $\Phi(q,Q) = q^2/2\cot Q$ folgen.

AUFGABE

2.30 An einem Schlitten, der nur in Richtung seiner Kufen gleiten kann, greift am Punkt P am vorderen Ende eine Zugkraft Z in x-Richtung an. S sei der Schwerpunkt des Schlittens. Leiten Sie die Bewegungsgleichungen des Schlittens mit Hilfe des d'Alembertschen Prinzips ab. Lösen Sie diese für den Fall, daß der Schlitten zu Beginn nur um einen kleinen Winkel $\phi_0 \ll 1$ ausgelenkt ist.

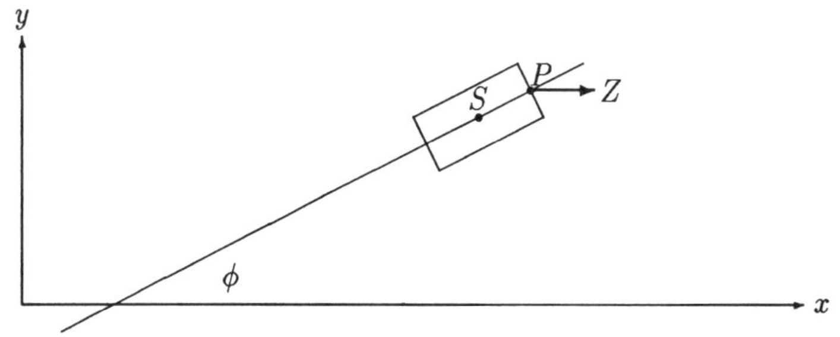

Abb. 2.9

Lösung: Die verallgemeinerten Koordinaten des Schlittens seien die Schwerpunktskoordinaten x und y sowie der Winkel ϕ zwischen Schlitten- und x-Achse. Nach Voraussetzung hat der Geschwindigkeitsvektor immer die Richtung der Schlittenachse. Also haben wir die anholonome Zwangsbedingung

$$\dot{y} = \dot{x} \tan \phi \,. \tag{1}$$

Das d'Alembertsche Prinzip sagt

$$(F_x - W_x)\delta x + (F_y - W_y)\delta y + (F_\phi - W_\phi)\delta\phi = 0 \,, \tag{2}$$

wobei F_q die äußere Kraft zur Koordinate q und

$$W_q := \frac{d}{dt}\left(\frac{\partial T}{\partial \dot{q}}\right) - \frac{\partial T}{\partial q}$$

ist. Wir bestimmen zunächst die F_q: $F_x = Z$, $F_y = 0$, und F_ϕ ist das Drehmoment um eine senkrechte Achse durch den Schwerpunkt, also $F_\phi = -Zs \sin\phi$, wobei s der Abstand PS ist. Aus der kinetischen Energie T des Schlittens

$$T = \frac{m}{2}(\dot{x}^2 + \dot{y}^2) + \frac{\Theta}{2}\dot{\phi}^2 \,,$$

(m Masse, Θ Trägheitsmoment des Schlittens), bestimmen wir $W_x = m\ddot{x}$, $W_y = m\ddot{y}$, $W_\phi = \Theta\ddot{\phi}$. Die Zwangsbedingung (1) können wir als $\delta x \sin\phi - \delta y \cos\phi = 0$ schreiben. Addieren wir dies mit einem unbestimmten Multiplikator λ zu (2), so ergeben sich folgende vier Gleichungen:

$$\begin{aligned} m\ddot{x} &= Z + \lambda \sin\phi \,, \\ m\ddot{y} &= -\lambda \cos\phi \,, \\ \Theta\ddot{\phi} &= -Zs \sin\phi \,, \\ \dot{y} &= \dot{x} \tan\phi \,. \end{aligned}$$

Die dritte dieser Gleichungen ist unabhängig von den anderen und beschreibt eine Pendelbewegung um die x-Achse. Daraus bestimmt man $\phi(t)$, setzt dies in die anderen drei Gleichungen ein und erhält so ein gekoppeltes Differentialgleichungssystem.

Für kleine Winkel ϕ kann man das System linearisieren; dann ist $\sin\phi \approx \phi$, $\cos\phi \approx 1$, $\tan\phi \approx \phi$, und ϕ schwingt linear um Null, $\phi(t) = \phi_0 \cos\omega t$, $\omega = \sqrt{Zs/\Theta}$. Damit vereinfachen sich die Gleichungen:

$$m\ddot{y} \approx -\lambda \,, \quad \text{d.h.} \quad m\ddot{x} \approx Z + \lambda\phi \,, \quad \dot{y} \approx \dot{x}\phi_0 \cos\omega t \,.$$

Da $\phi \ll 1$ ist, können wir $\lambda\phi$ gegen Z vernachlässigen und erhalten $x(t) \approx Zt^2/(2m)$. Dies setzen wir in die dritte Gleichung ein und erhalten $\dot{y} = (Z/m)t\phi_0 \cos\omega t$. Dies läßt sich sofort integrieren:

$$y(t) = \frac{Z\phi_0}{m\omega^2}\left((\omega t)\sin\omega t - 1 + \cos\omega t\right) \,.$$

Nach langer Zeit, also $(\omega t) \gg 1$, ist $y \approx (a\phi_0)/(m\omega^2)\cdot(\omega t)\sin\omega t$. Die maximale Auslenkung in y-Richtung nimmt also linear mit der Zeit zu.

AUFGABE

2.31 Als Modell für ein dreiatomiges Molekül (z. B. Wasser) soll folgendes System betrachtet werden: An den Punkten $\boldsymbol{x}_1$ und $\boldsymbol{x}_2$ befinden sich zwei gleiche Teilchen der Masse m; an dem Punkt $\boldsymbol{x}_3$ ein anderes mit Masse M. Die Wechselwirkung zwischen den drei Teilchen werde durch ein Potential $U(\boldsymbol{x}_1, \boldsymbol{x}_2, \boldsymbol{x}_3)$ beschrieben, das nur von Relativkoordinaten der Teilchen abhängen möge. Außerdem sei es symmetrisch bezüglich der Teilchen 1 und 2, d. h. $U(\boldsymbol{x}_1, \boldsymbol{x}_2, \boldsymbol{x}_3) = U(\boldsymbol{x}_2, \boldsymbol{x}_1, \boldsymbol{x}_3)$. Betrachten Sie den Fall kleiner harmonischer Schwingungen um die Gleichgewichtslage, indem sie das Potential bis zu quadratischen Termen entwickeln.

Hinweis: Nehmen Sie der Einfachheit halber an, daß sich die Bewegung in der durch die Gleichgewichtslage der Teilchen bestimmten Ebene abspielt.

Lösung: Wir legen unser Koordinatensystem so, daß die Teilchen im Gleichgewicht in der xy-Ebene liegen. Die x- bzw. y-Komponenten der Vektoren $\boldsymbol{x}_i$ seien x_i bzw. y_i. Sei ferner $\boldsymbol{x}_i^{(0)}$ die Ruhelage des i-ten Teilchens. Wir führen Auslenkungen $u_i := x_i - x_i^{(0)}$, $v_i := y_i - y_i^{(0)}$ als neue Koordinaten ein, das bedeutet insbesondere $\dot{u}_i = \dot{x}_i$, $\dot{v}_i = \dot{y}_i$. Die kinetische Energie ist in den neuen Koordinaten

$$T = \frac{m}{2}(\dot{u}_1^2 + \dot{v}_1^2 + \dot{u}_2^2 + \dot{v}_2^2) + \frac{M}{2}(\dot{u}_3^2 + \dot{v}_3^2) .$$

Wir schreiben auch das Potential auf diese Koordinaten um und nennen es $\tilde{U}(u_1, v_1, u_2, v_2, u_3, v_3)$. Wir entwickeln $\tilde{U}$ um die Gleichgewichtslage ($u_i = 0, v_i = 0$). Dabei beachten wir, daß $\tilde{U}$ dort ein lokales Minimum hat (sonst wäre kein Gleichgewicht möglich). Wir erhalten so

$$\begin{aligned}
&\tilde{U}(u_1, v_1, u_2, v_2, u_3, v_3) \\
&\approx \underbrace{\tilde{U}(0,0,0,0,0,0)}_{U_0} - \sum_{i=1}^{3}\left(\frac{\partial \tilde{U}}{\partial u_i}u_i + \frac{\partial \tilde{U}}{\partial v_i}v_i\right) \\
&\quad + \frac{1}{2}\sum_{i,j=1}^{3}\left(\underbrace{\frac{\partial^2 \tilde{U}}{\partial u_i \partial u_j}}_{a_{ij}} u_i u_j + 2\underbrace{\frac{\partial^2 \tilde{U}}{\partial u_i \partial v_j}}_{b_{ij}} u_i v_j + \underbrace{\frac{\partial^2 \tilde{U}}{\partial v_i \partial v_j}}_{c_{ij}} v_i v_j\right) \\
&= U_0 + \frac{1}{2}\sum_{i,j=1}^{3}\left(a_{ij}u_i u_j + 2b_{ij}u_i v_j + c_{ij}v_i v_j\right) .
\end{aligned}$$

Hierbei ist zu beachten, daß wegen der Symmetrie unter Vertauschung von Teilchen 1 und 2 auch die Matrizen a_{ij}, b_{ij} und c_{ij} diese Eigenschaft besitzen, also z. B. $a_{12} = a_{21}$, $b_{13} = b_{23}$, etc. Die Konstante U_0 ist physikalisch irrelevant; wir können daher $U_0 = 0$ setzen. Für die Lagrangefunktion setzen wir die natürliche Form $L = T - U$ an.

Um das Problem weiter zu vereinfachen, kann man jetzt noch Schwerpunkts- und Relativkoordinaten einführen, etwa die Jacobikoordinaten der Aufgabe 2.24.

Nach Abspaltung der Schwerpunktbewegung bleibt ein System von vier gekoppelten Oszillatoren übrig, das dann auf Normalkoordinaten transformiert und gelöst werden kann.

AUFGABE

2.32 Für zwei gekoppelte harmonische Oszillatoren soll das Verhalten des Phasenvolumens untersucht werden. Die Lagrangefunktion eines solchen Systems lautet in geeigneten Koordinaten

$$H = \frac{1}{2}(p_1^2 + p_2^2) + \frac{1}{2}(q_1^2 + q_2^2) + f(q_1 - q_2)\,,$$

wobei (q_i, p_i) Ort und Impuls der beiden Oszillatoren und f die Kopplungsfunktion bezeichnen. Betrachten Sie zunächst den Fall eines quadratischen Kopplungsterms $f(q_1 - q_2) := \lambda(q_1 - q_2)^2$, dann eine nichtlineare Kopplung der Form $f(q_1 - q_2) = a(1 - \cos b(q_1 - q_2))$. Betrachten Sie folgende Bereiche von Anfangsbedingungen:

i) Der zweite Oszillator ruht zu Anfang $(q_2(0) = 0, p_2(0) = 0)$, für den ersten nehmen Sie Anfangswerte aus einer Kreisscheibe um den Punkt $(q_1 = 1, p_1 = 0)$ an.

ii) Die Anfangswerte liegen in einer Kugel mit Mittelpunkt $(q_1 = 1, p_1 = 0, q_2 = 0, p_2 = 0)$.

iii) Die Anfangswerte liegen in einer Kugel mit Mittelpunkt $(q_1 = 1, p_1 = 0, q_2 = 1, p_2 = 0)$.

iv) Die Anfangswerte liegen in einem Würfel mit Mittelpunkt $(q_1 = 1, p_1 = 0, q_2 = 0, p_2 = 0)$.

Lösung: Wir führen folgende Normalkoordinaten ein:

$$u_1 = \frac{1}{\sqrt{2}}(q_1 + q_2)\,, \quad u_2 = \frac{1}{\sqrt{2}}(q_1 - q_2)\,.$$

In diesen Koordinaten entkoppeln die zwei Oszillatoren und wir erhalten als Bewegungsgleichungen

$$\ddot{u}_1 = -u_1\,, \quad \ddot{u}_2 = -u_2 - \sqrt{2} f'(\sqrt{2} u_2)\,.$$

Die erste hat die Lösung $u_1(t) = u_1(0)\cos t + \dot{u}_1(0)\sin t$.

Für den Fall der quadratischen Kopplung $(f(x) = \lambda x^2)$ können wir auch die Lösung der Gleichung für u_2 sofort angeben, sie lautet

$$u_2(t) = u_2(0)\cos\omega t + \dot{u}_2(0)\sin\omega t \quad \text{mit} \quad \omega = \sqrt{1 + 4\lambda}\,.$$

Für den Fall nichtlinearer Kopplung bestimmen wir $u_2(t)$ numerisch mit Hilfe des Runge-Kutta-Verfahrens (A.3) aus dem Anhang. Umrechnen der Lösungen $u_1(t)$, $u_2(t)$ auf die ursprünglichen Koordinaten $q_1(t)$ und $q_2(t)$ ist einfach. Im einzelnen ergeben sich die folgenden Abbildungen. Dabei zeigt das linke Bild jeweils die Projektion auf die Ebene (q_1, p_1), das rechte auf (q_2, p_2).

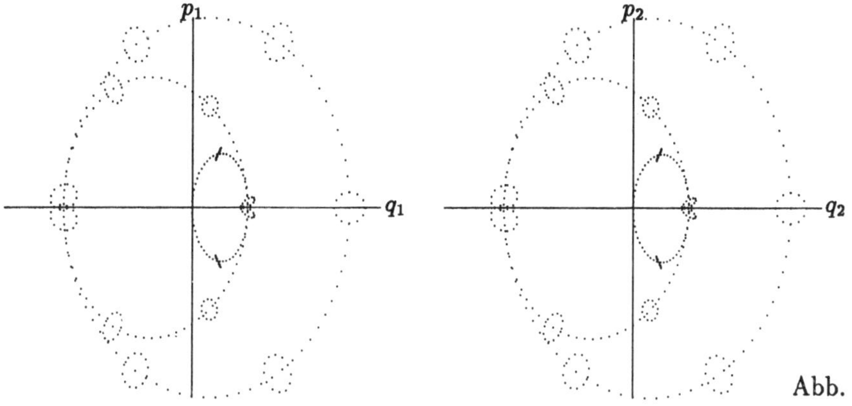

Abb. 2.10

In Abb. 2.10 sind beide Oszillatoren harmonisch gekoppelt, also $f(q_1 - q_2) \propto (q_1 - q_2)^2$ mit rationalem $\omega = 3/2$. Die Startwerte (zum Zeitpunkt $t = 0$) für (q_1, p_1) liegen in einer Kreisscheibe um $(1, 0)$; q_2 und p_2 sind zu Anfang beide gleich 0 gesetzt. Die gepunktete Linie zeigt den Verlauf der Bewegung über ein Intervall der Länge 4π, in Abständen von $\pi/4$ ist auch die Projektion des Phasenraumvolumens auf die beiden Ebenen dargestellt. Man erkennt, wie die Scheibe, die zu Beginn in der q_1p_1-Ebene liegt, sich im Verlauf der Bewegung aus dieser Ebene herausdreht, so daß die Projektionen auf diese Ebene Ellipsen sind. Nach der Zeit 2π liegt die Scheibe vollständig in der q_2p_2-Ebene; die beiden Oszillatoren haben ihre Rollen vertauscht. Nach 4π kehrt das System in den Ausgangszustand zurück.

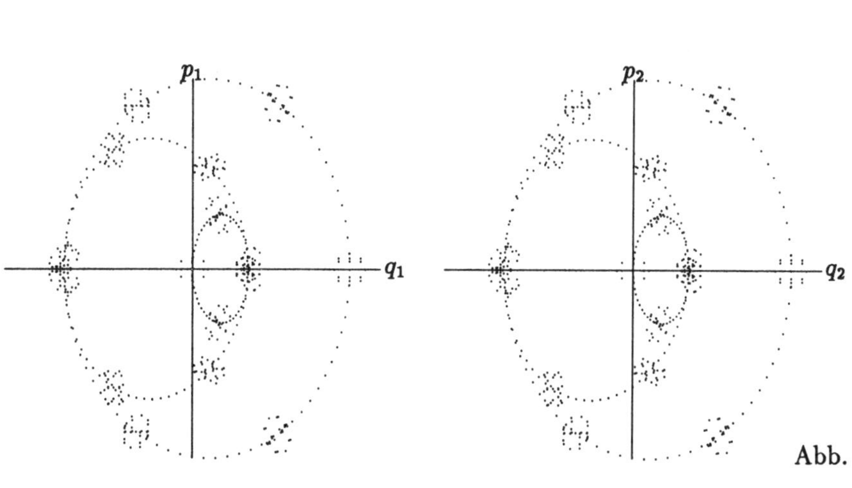

Abb. 2.11

In Abb. 2.11 liegen alle Startwerte in einem vierdimensionalen Kugelvolumen mit Mittelpunkt $(q_1 = 1, p_1 = 0, q_2 = 0, p_2 = 0)$. Ansonsten ist die Darstellung dieselbe wie zuvor. Man erkennt, daß die Projektionen auf die beiden Ebenen immer Kreise sind, da das Phasenraumvolumen im Verlauf der Bewegung seine Kugelform beibehält.

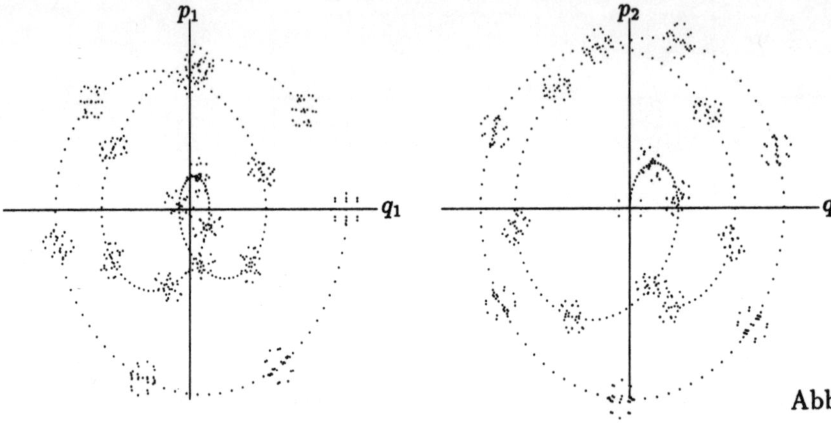

Abb. 2.12

In Abb. 2.12 wurde $\omega = \sqrt{2}$, also irrational gewählt. Man erkennt, daß das System nicht mehr in seinen Ausgangszustand zurückläuft.

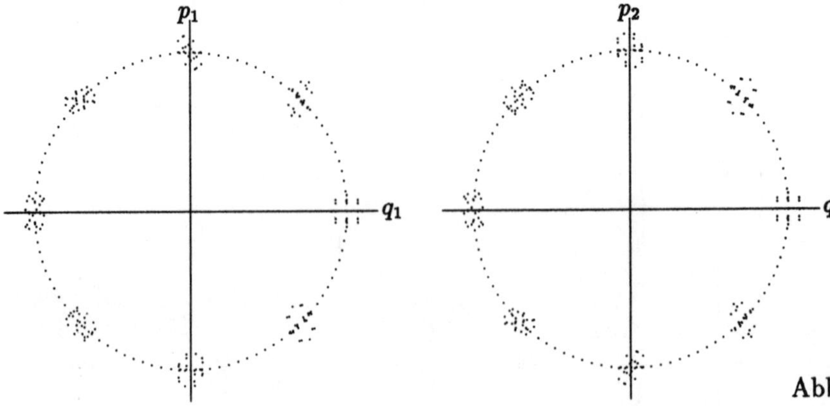

Abb. 2.13

Hier liegen die Startwerte in einem kugelförmigen Gebiet mit Mittelpunkt $(q_1 = 1, p_1 = 0, q_2 = 1, p_2 = 0)$, $\omega = 3/2$. Mit den Anfangswerten im Mittelpunkt des Gebiets schwingen die beiden Oszillatoren im Gleichtakt. Man erkennt dies sehr schön an der kreisförmigen Phasenraumbahn. Die Punkte um diesen Mittelpunkt herum führen zu Schlängelbewegungen um die gepunktete Bahn.

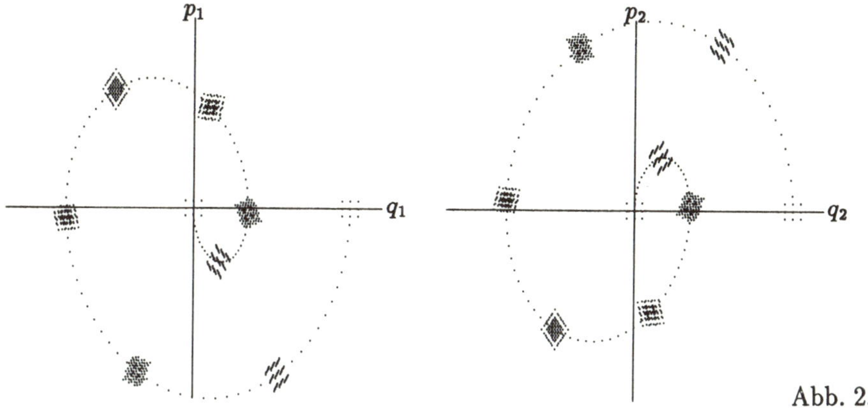

Abb. 2.14

Abb. 2.14 zeigt die Bewegung desselben Systems wie in Abb. 2.10, aber mit einem würfelförmigen Anfangsgebiet. Zur besseren Darstellung ist nur das Zeitinterval von 0 bis 2π gezeigt.

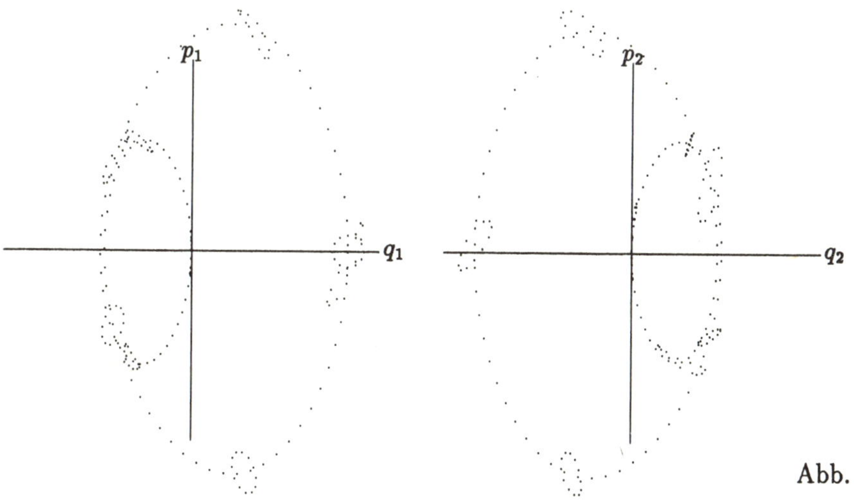

Abb. 2.15

Abb. 2.15 zeigt zwei harmonische Oszillatoren mit nichtlinearer Kopplung $f(q_1 - q_2) = a(1 - \cos b(q_1 - q_2))$ mit $b = \sqrt{2}$, $a = 1/2$. Wie in Abb. 2.10 wurde eine Scheibe als Anfangsvolumen genommen. Man erkennt, daß sich die Scheibe im Laufe der Bewegung verformt und mit der Zeit zu einem langgestreckten (eher bohnenförmigen) Gebiet wird. Das Volumen bleibt aber gleich, wie der Liouvillesche Satz es vorschreibt.

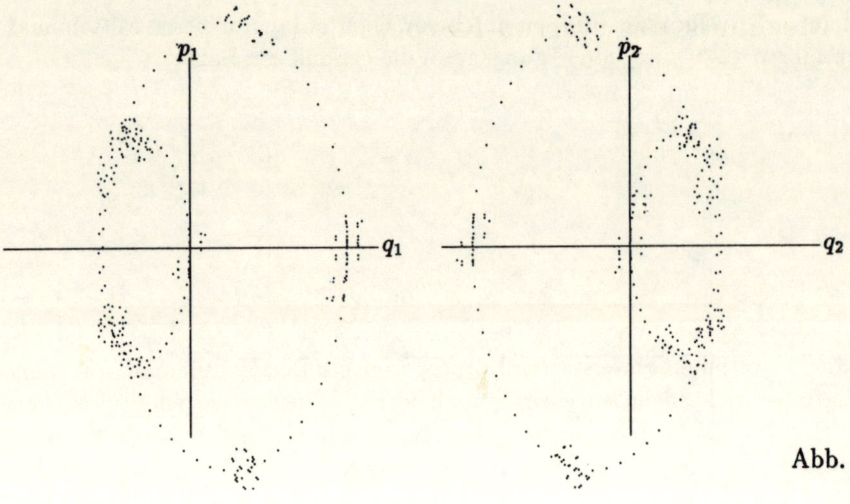

Abb. 2.16

Für Abb. 2.16 zeigt wieder das nichtlinear gekoppelte System, diesmal aber mit kugelförmigem Anfangsvolumen. Auch hier ist die Verzerrung des Gebiets im Laufe der Bewegung zu erkennen.

3. Mechanik des starren Körpers

AUFGABE

3.1 Im Schwerpunkt eines starren Körpers seien ein Bezugssystem **K** mit *raum*festen Achsenrichtungen sowie ein System $\bar{\mathbf{K}}$ mit *körper*festen Achsenrichtungen zentriert. Der Trägheitstensor bezüglich **K** sei mit $\underset{\sim}{\boldsymbol{J}}$, der bezüglich $\bar{\mathbf{K}}$ mit $\underset{\sim}{\bar{\boldsymbol{J}}}$ bezeichnet.

i) $\underset{\sim}{\boldsymbol{J}}$ und $\underset{\sim}{\bar{\boldsymbol{J}}}$ haben dieselben Eigenwerte. Man zeige dies anhand des charakteristischen Polynoms.

ii) $\bar{\mathbf{K}}$ sei jetzt Hauptträgheitsachsensystem, der Körper rotiere um die 3-Achse. Welche Form hat $\underset{\sim}{\bar{\boldsymbol{J}}}$? Man berechne $\underset{\sim}{\boldsymbol{J}}$.

Lösung: i) Da **K** und $\bar{\mathbf{K}}$ sich durch eine (zeitabhängige) Drehung unterscheiden, hängt $\underset{\sim}{\boldsymbol{J}}$ mit $\underset{\sim}{\bar{\boldsymbol{J}}}$ vermöge $\underset{\sim}{\boldsymbol{J}} = \underset{\sim}{\boldsymbol{R}}(t)\underset{\sim}{\bar{\boldsymbol{J}}}\underset{\sim}{\boldsymbol{R}}^{-1}(t)$ zusammen, wobei $\underset{\sim}{\boldsymbol{R}}$ die Drehmatrix ist, die die Drehung der beiden Koordinatensysteme gegeneinander beschreibt. Das charakteristische Polynom von $\underset{\sim}{\boldsymbol{J}}$ ist invariant unter Ähnlichkeitstransformationen, denn

$$\begin{aligned} \det|\underset{\sim}{\boldsymbol{J}} - \lambda \mathbb{1}| &= \det|\underset{\sim}{\boldsymbol{R}}(t)\underset{\sim}{\bar{\boldsymbol{J}}}\underset{\sim}{\boldsymbol{R}}^{-1}(t) - \lambda\mathbb{1}| \\ &= \det|\underset{\sim}{\boldsymbol{R}}(t)(\underset{\sim}{\bar{\boldsymbol{J}}} - \lambda\mathbb{1})\underset{\sim}{\boldsymbol{R}}^{-1}(t)| \\ &= \det|\underset{\sim}{\bar{\boldsymbol{J}}} - \lambda\mathbb{1}|\,, \end{aligned}$$

nach dem Determinantenmultiplikationssatz. Also sind die charakteristischen Polynome von $\underset{\sim}{\boldsymbol{J}}$ und $\underset{\sim}{\bar{\boldsymbol{J}}}$ gleich, und damit auch die Eigenwerte.

ii) Ist $\bar{\mathbf{K}}$ Hautpträgheitsachsensystem, so hat $\underset{\sim}{\bar{\boldsymbol{J}}}$ die Form

$$\underset{\sim}{\bar{\boldsymbol{J}}} = \begin{pmatrix} I_1 & 0 & 0 \\ 0 & I_2 & 0 \\ 0 & 0 & I_3 \end{pmatrix}.$$

Bei Drehung um die 3-Achse lautet $\underset{\sim}{\boldsymbol{R}}(t)$

$$\underset{\sim}{\boldsymbol{R}}(t) = \begin{pmatrix} \cos\phi(t) & \sin\phi(t) & 0 \\ -\sin\phi(t) & \cos\phi(t) & 0 \\ 0 & 0 & 1 \end{pmatrix}.$$

Damit läßt sich $\underset{\sim}{\boldsymbol{J}}$ direkt berechnen:

$$\underset{\sim}{\boldsymbol{J}} = \begin{pmatrix} I_1\cos^2\phi + I_2\sin^2\phi & (I_2 - I_1)\sin\phi\cos\phi & 0 \\ (I_2 - I_1)\sin\phi\cos\phi & I_1\sin^2\phi + I_2\cos^2\phi & 0 \\ 0 & 0 & I_3 \end{pmatrix}.$$

AUFGABE

3.2 *Trägheitsmomente eines zweiatomigen Moleküls.* Zwei Teilchen m_1 und m_2 mögen durch eine starre, masselose Verbindung der Länge l gehalten sein. Man gebe Hauptträgheitsachsen an und berechne die Trägheitsmomente.

Lösung: Die Verbindungslinie der beiden Atome ist Hauptträgheitsachse, die beiden anderen wählt man untereinander senkrecht, sonst aber beliebig. Mit den Bezeichnungen der Abbildung 3.1 ist $m_1 a_1 = m_2 a_2$, $a_1 + a_2 = l$, und somit

$$a_1 = \frac{m_2}{m_1 + m_2} l \,, \quad a_2 = \frac{m_1}{m_1 + m_2} l \,.$$

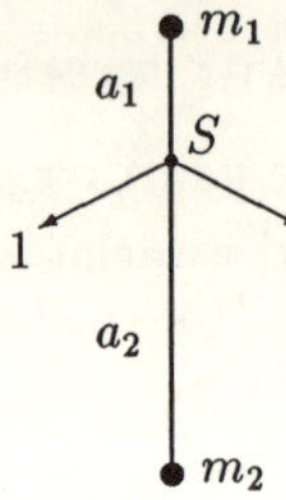

Abb. 3.1

Für die Trägheitsmomente gilt

$$I_1 = I_2 = m_1 a_1^2 + m_2 a_2^2 = \frac{m_1 m_2}{m_1 + m_2} l^2 = \mu l^2 \,,$$

wo μ die reduzierte Masse ist.

AUFGABE

3.3 Der Trägheitstensor eines starren Körpers habe die Form

$$I_{ik} = \begin{pmatrix} I_{11} & I_{12} & 0 \\ I_{21} & I_{22} & 0 \\ 0 & 0 & I_{33} \end{pmatrix} \quad \text{mit} \quad I_{21} = I_{12} \,.$$

Man bestimme seine drei Trägheitsmomente.

Spezialfälle

i) Es sei $I_{11} = I_{22} = A$, $I_{12} = B$. Darf I_{33} dann beliebig sein?

ii) Es sei $I_{11} = A$, $I_{22} = 4A$, $I_{12} = 2A$. Was kann man über I_{33} aussagen? Welche Form muß der Körper in diesem Fall haben?

Lösung: Die Trägheitsmomente sind gegeben durch die Eigenwertgleichung

$$\det(I - \lambda \mathbb{1}) = \begin{vmatrix} I_{11} - \lambda & I_{12} & 0 \\ I_{21} & I_{22} - \lambda & 0 \\ 0 & 0 & I_{33} - \lambda \end{vmatrix} = 0 \,.$$

Die Lösungen dieser Gleichung sind

$$I_{1,2} = \frac{I_{11} + I_{22}}{2} \pm \sqrt{\frac{(I_{11} - I_{22})^2}{4} + I_{12} I_{21}} \,, \quad I_3 = I_{33} \,.$$

i) $I_{1,2} = A \pm B$. Daraus folgt $B \leq A$ und $A + B \geq 0$. Wegen $I_1 + I_2 \geq I_3$ folgt ferner $I_3 \leq 2A$, d.h. $A \geq 0$.

ii) $I_1 = 5A$, $I_2 = 0$. Wegen $I_1 + I_2 \geq I_3$ und $I_2 + I_3 \geq I_1$ folgt $I_3 = 5A$. Der Körper ist rotationssymmetrisch um die 2-Achse.

AUFGABE

3.4 Man stelle die Lagrangefunktion für die allgemeine kräftefreie Bewegung eines symmetrischen Kegelkreisels (Höhe: h, Grundkreisradius: R, Masse: M) auf. Wie sehen die Bewegungsgleichungen aus? Welches sind die Erhaltungsgrößen und welche physikalische Bedeutung haben sie?

Lösung: Für die kräftefreie Bewegung wählen wir ein im Schwerpunkt verankertes Hauptträgheitsachsensystem. Die 3-Achse werde in die Symmetrieachse gelegt. Dann berechnet man die Trägheitsmomente zu

$$I_1 = I_2 = \frac{3}{20} M \left(R^2 + \frac{1}{4} h^2 \right) , \quad I_3 = \frac{3}{10} M R^2 .$$

Eine Lagrangefunktion ist dann

$$L = T_{\text{rot}} = \frac{1}{2} \sum_{i=1}^{3} I_i \bar{\omega}_i^2 ,$$

wo $\bar{\omega}_i$ die Komponenten der Winkelgeschwindigkeit im körperfesten System sind und mit den Eulerschen Winkeln und deren Zeitableitungen wie folgt zusammenhängen:

$$\begin{aligned}
\bar{\omega}_1 &= \dot{\theta} \cos \psi + \dot{\phi} \sin \theta \sin \psi \\
\bar{\omega}_2 &= -\dot{\theta} \sin \psi + \dot{\phi} \sin \theta \cos \psi \\
\bar{\omega}_3 &= \dot{\phi} \cos \theta + \dot{\psi} .
\end{aligned}$$

Setzt man dies in L ein und beachtet, daß $I_1 = I_2$ ist, so folgt

$$L(\phi, \theta, \psi, \dot{\phi}, \dot{\theta}, \dot{\psi}) = \frac{1}{2} I_1 (\dot{\theta}^2 + \dot{\phi}^2 \sin^2\theta) + \frac{1}{2} I_3 (\dot{\psi} + \dot{\phi} \cos \theta)^2 .$$

Die Variablen ϕ und ψ sind zyklisch, daher sind

$$\begin{aligned}
p_\phi &= \frac{\partial L}{\partial \dot{\phi}} = I_1 \dot{\phi} \sin^2\theta + I_3 (\dot{\psi} + \dot{\phi} \cos \theta) \cos \theta , \\
p_\psi &= \frac{\partial L}{\partial \dot{\psi}} = I_3 (\dot{\psi} + \dot{\phi} \cos \theta)
\end{aligned}$$

erhalten. Außerdem ist die Energie $E = T_{\text{rot}} = L$ erhalten. Man sieht leicht, daß $p_\phi = I_1 (\bar{\omega}_1 \sin \psi + \bar{\omega}_2 \cos \psi) \sin \theta + I_3 \bar{\omega}_3 \cos \theta$ ist. Dies ist das Skalarprodukt $\boldsymbol{L} \cdot \hat{\boldsymbol{e}}_{3_0}$ aus Drehimpuls und Einheitsvektor in 3-Richtung des Laborsystems, d. h. $p_\phi = L_3$. Für p_ψ gilt: $p_\psi = I_3 \bar{\omega}_3 = \bar{L}_3$.

Die Bewegungsgleichungen lauten

$$\frac{d}{dt}p_\phi = \frac{d}{dt}(I_1(\bar{\omega}_1 \sin\psi + \bar{\omega}_2 \cos\psi)\sin\theta + I_3\bar{\omega}_3\cos\theta) = 0 \tag{1}$$

$$\frac{d}{dt}p_\psi = I_3\frac{d}{dt}(\dot{\psi} + \dot{\phi}\cos\theta) = 0 \tag{2}$$

$$\frac{d}{dt}\frac{\partial L}{\partial\dot{\theta}} - \frac{\partial L}{\partial\theta} = I_1\ddot{\theta} - I_1\dot{\phi}^2\sin\theta\cos\theta + I_3(\dot{\psi} + \dot{\phi}\cos\theta)\dot{\phi}\sin\theta = 0\,. \tag{3}$$

Aus der ersten dieser Gleichungen folgt $\dot{\phi} = (L_3 - \bar{L}_3\cos\theta)/(I_1\sin^2\theta)$. Setzt man dies in die Lagrangefunktion ein, so ist

$$L = \frac{1}{2}I_1\dot{\theta}^2 + \frac{1}{2I_1\sin^2\theta}(L_3 - \bar{L}_3\cos\theta)^2 + \frac{1}{2I_3}\bar{L}_3^2 = E = \text{const.} \tag{4}$$

Setzt man andererseits $\dot{\phi}$ in die dritte Bewegungsgleichung (3) ein, so folgt

$$I_1\ddot{\theta} - \frac{\cos\theta}{I_1\sin^3\theta}(L_3 - \bar{L}_3\cos\theta) + \frac{1}{I_1\sin\theta}\bar{L}_3(L_3 - \bar{L}_3\cos\theta) = 0\,.$$

Dies ist nichts anderes als die Zeitableitung der Gleichung (4).

AUFGABE

3.5 Man berechne die Trägheitsmomente eines homogenen mit Masse ausgefüllten Torus, dessen Ringradius R und dessen Querradius r ist.

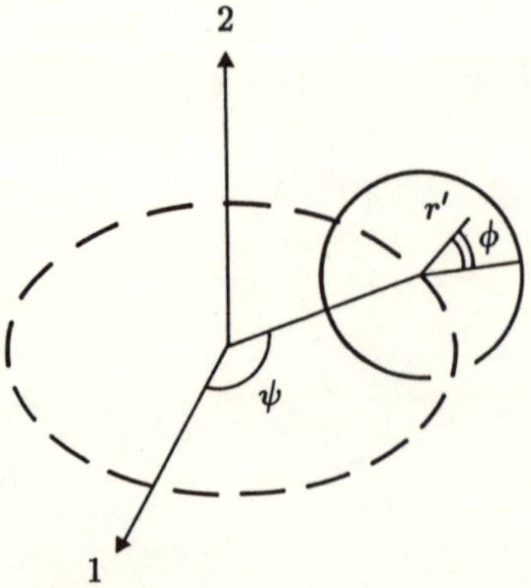

Abb. 3.2

Lösung: Die Symmetrieachse des Torus sei als 3-Achse gewählt (senkrecht zur Ebene der Mittellinie). Bezeichnen (r', ϕ) ebene Polarkoordinaten in einem Querschnitt des Torus, und ψ den Azimuth in der Torusebene (3.2), so wählt man die orthogonalen Koordinaten (r', ψ, ϕ), die mit den kartesischen wie folgt zusammenhängen:

$$x_1 = (R + r'\cos\phi)\cos\psi\,, \quad x_2 = (R + r'\cos\phi)\sin\psi\,, \quad x_3 = r'\sin\phi\,.$$

Die Jacobideterminante ist

$$\frac{\partial(x_1, x_2, x_3)}{\partial(r', \psi, \phi)} = r'(R + r'\cos\phi)\,.$$

Das Volumen des Torus ist $V = \int_0^r dr' \int_0^{2\pi} d\psi \int_0^{2\pi} d\phi r'(R + r'\cos\phi) = (r^2/2)R(2\pi)^2 = 2\pi^2 r^2 R$, die Massendichte ist daher $\rho_0 = M/(2\pi^2 r^2 R)$. Es ist

$$\begin{aligned} I_3 &= \int d^3x \rho_0(x_1^2 + x_2^2) = \rho_0 \int_0^{2\pi} d\psi \int_0^{2\pi} d\phi \int_0^r dr' r'(R + r'\cos\phi)^3 \\ &= M\left(R^2 + \frac{3}{4}r^2\right)\,, \\ I_1 &= \int d^3x \rho_0(x_2^2 + x_3^2) \\ &= \rho_0 \int_0^{2\pi} d\psi \int_0^{2\pi} d\phi \int_0^r dr' r'(R + r'\cos\phi)((R + r'\cos\phi)^2\sin^2\psi + r'^2\sin^2\phi) \\ &= \frac{1}{2}M\left(R^2 + \frac{5}{4}r^2\right)\,. \end{aligned}$$

AUFGABE

3.6 Man berechne das Trägheitsmoment I_3 für die beiden Anordnungen von zwei schweren Kugeln (Radius R, Masse M) und zwei leichten Kugeln (r, m) mit homogener Massenbelegung, die in Abb. 3.3 gezeichnet sind. Man vergleiche die Winkelgeschwindigkeit der beiden Anordnungen, wenn L_3 fest und für beide gleich vorgegeben ist (Modell für Pirouette).

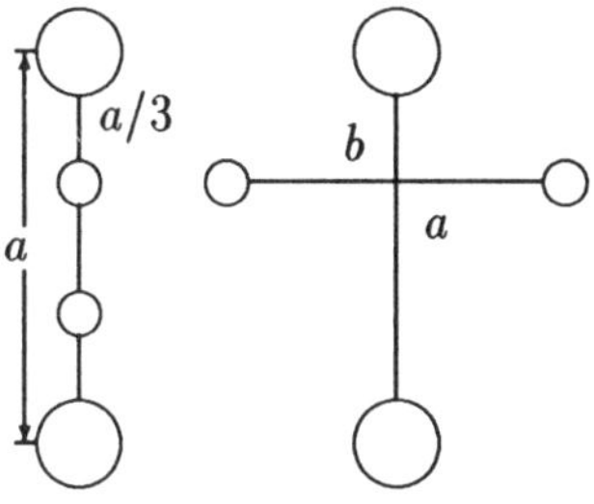

Abb. 3.3

Lösung: In der ersten Position ist $I_3^{(a)} = 2(2/5)(MR^2 + mr^2)$ und $\omega_3^{(a)} = L_3/I_3^{(a)}$. In der zweiten berechnet man den Beitrag der kleineren Kugeln mit Hilfe des Steinerschen Satzes, $I_i' = I_i + m(\boldsymbol{a}^2 - a_i^2)$, hier mit $I_3 = (2/5)mr^2$, $\boldsymbol{a} = \pm(b/2)\hat{\boldsymbol{e}}_1$: $I_3^{(b)} = 2\left((2/5)(MR^2 + mr^2) + mb^2/4\right)$. Es folgt $\omega_3^{(b)} = L_3/I_3^{(b)}$

und $\omega_3^{(a)}/\omega_3^{(b)} = 1 + mb^2/(2I_3^{(a)})$. Mit angelegten Armen dreht man sich schneller als mit waagrecht ausgestreckten.

Ebenfalls mit Hilfe des Steinerschen Satzes berechnet man noch I_1, I_2: Für die beiden Fälle erhält man

$$I_1^{(a)} = I_3^{(a)} + \frac{1}{2}a^2\left(M + \frac{1}{9}m\right), I_1^{(b)} = \frac{4}{5}(MR^2 + mr^2) + \frac{5}{9}Ma^2 .$$

AUFGABE

3.7 i) Ein homogener Körper habe eine Form, deren Rand (in Polarkoordinaten) durch die Formel

$$R(\theta) = R_0(1 + \alpha\cos\theta)$$

gegeben sei, d. h.

$$\rho(r,\theta,\phi) = \begin{cases} \rho_0 = \text{const. für } r \leq R(\theta) \text{ und alle } \theta \text{ und } \phi, \\ 0 \text{ für } r > R(\theta). \end{cases}$$

Die Gesamtmasse sei M. Man berechne ρ_0 und die Hauptträgheitsmomente.

ii) Man führe dieselbe Rechnung für einen homogen mit Masse belegten Körper der Form

$$R(\theta) = R_0(1 + \beta Y_{20}(\theta))$$

durch, wo $Y_{20}(\theta) = \sqrt{5/16\pi}(3\cos^2\theta - 1)$ die Kugelflächenfunktion zu $l = 2$, $m = 0$ ist.

In beiden Fällen skizziere man diese Körper.

Lösung: Die Beziehung zwischen Dichteverteilung und Masse lautet

$$M = \int \rho(\boldsymbol{r})d^3r = \int_0^{2\pi} d\phi \int_0^{\pi} \sin\theta d\theta \int_0^{\infty} r^2 dr \rho(r,\theta,\phi) .$$

In unserem Fall (ρ hängt nur von θ ab) bedeutet das

$$M = \int_0^{2\pi} d\phi \int_0^{\pi} \sin\theta d\theta \int_0^{R(\theta)} r^2 dr \rho_0 = \frac{2\pi}{3}\rho_0 \int_0^{\pi} \sin\theta d\theta R(\theta)^3 .$$

i) Die Integration ergibt

$$M = \frac{4\pi}{3}\rho_0 R_0^3(1 + \alpha^2), \quad \text{d. h.} \quad \rho_0 = \frac{3}{4\pi}\frac{M}{R_0^3(1 + \alpha^2)} .$$

ii) Mit Hilfe der Substitution $z = \cos\theta$ läßt sich das Integral leicht lösen; wir erhalten mit der Abkürzung $\gamma := \sqrt{5/16\pi}\beta$

$$M = \frac{4\pi}{3}\rho_0 R_0^3\left(\frac{16}{35}\gamma^3 + \frac{12}{5}\gamma^2 + 1\right) ,$$

d. h.

$$\rho_0 = \frac{3}{4\pi}\frac{M}{R_0^3}\left(\frac{16}{35}\gamma^3 + \frac{12}{5}\gamma^2 + 1\right)^{-1} .$$

AUFGABE

3.8 Man berechne die Hauptträgheitsmomente eines starren Körpers, für den der Trägheitstensor in einem bestimmten körperfesten System $\mathbf{K}_1$ die folgende Form hat:

$$\underset{\sim}{J} = \begin{pmatrix} \frac{9}{8} & \frac{1}{4} & -\frac{\sqrt{3}}{8} \\ \frac{1}{4} & \frac{3}{2} & -\frac{\sqrt{3}}{4} \\ -\frac{\sqrt{3}}{8} & -\frac{\sqrt{3}}{4} & \frac{11}{8} \end{pmatrix} .$$

Kann man etwas darüber sagen, wie das System $\mathbf{K}_0$ der Hauptträgheitsachsen relativ zum System $\mathbf{K}_1$ liegt?

Lösung: Die Hauptträgheitsmomente sind die Eigenwerte des angegebenen Tensors und damit die Wurzeln des charakteristischen Polynoms $\det(\lambda 1\!\!1 - \underset{\sim}{J})$. Berechnet man diese Determinante, so ergibt sich die kubische Gleichung $\lambda^3 - 4\lambda^2 + 5\lambda - 2 = 0$. Sie besitzt die Lösungen $\lambda_1 = \lambda_2 = 1$, $\lambda_3 = 2$, so daß der Trägheitstensor in Diagonalform

$$\mathring{\underset{\sim}{J}} = \begin{pmatrix} 1 & 0 & 0 \\ 0 & 1 & 0 \\ 0 & 0 & 2 \end{pmatrix}$$

lautet. Wir schreiben $\underset{\sim}{J} = \underset{\sim}{R}\mathring{\underset{\sim}{J}}\underset{\sim}{R}^T$ und setzen für die Drehung $\underset{\sim}{R}(\psi, \theta, \phi) = \underset{\sim}{R}_3(\psi)\underset{\sim}{R}_2(\theta)\underset{\sim}{R}_3(\phi)$. Der Anteil $\underset{\sim}{R}_3(\phi)$ läßt $\mathring{\underset{\sim}{J}}$ invariant, daher können wir $\phi = 0$ setzen. Mit

$$\underset{\sim}{R}_2(\theta) = \begin{pmatrix} \cos\theta & 0 & -\sin\theta \\ 0 & 1 & 0 \\ \sin\theta & 0 & \cos\theta \end{pmatrix} \quad \text{und} \quad \underset{\sim}{R}_3(\psi) = \begin{pmatrix} \cos\psi & \sin\psi & 0 \\ -\sin\psi & \cos\psi & 0 \\ 0 & 0 & 1 \end{pmatrix}$$

findet man

$$\begin{aligned} &\underset{\sim}{R}\mathring{\underset{\sim}{J}}\underset{\sim}{R}^T \\ &= 1\!\!1 + \begin{pmatrix} \cos^2\psi \sin^2\psi & -\sin\psi\cos\psi\sin^2\theta & -\cos\psi\cos\theta\sin\theta \\ -\sin\psi\cos\psi\sin^2\theta & \sin^2\psi\sin^2\theta & \sin\psi\cos\theta\sin\theta \\ -\cos\psi\cos\theta\sin\theta & \sin\psi\cos\theta\sin\theta & \cos^2\theta \end{pmatrix} . \end{aligned}$$

Setzt man dies gleich dem angegebenen $\underset{\sim}{J}$, so findet man $\cos^2\theta = 3/8$ und, mit folgender Wahl der Vorzeichen bei θ: $\cos\theta = \sqrt{3}/(2\sqrt{2})$, $\sin\theta = \sqrt{5}/(2\sqrt{2})$, noch $\cos\psi = 1/\sqrt{5}$ und $\sin\psi = -\sqrt{4/5}$.

AUFGABE

3.9 Eine Kugel mit Radius a sei homogen mit Masse der Dichte ρ_0 ausgefüllt. Ihre Gesamtmasse sei M.

i) Man stelle die Dichtefunktion ρ in einem körperfesten System auf, das im Schwerpunkt zentriert ist und drücke ρ_0 durch M aus. Die Kugel rotiere nun um einen ihrer Randpunkte P, der raumfest sein soll (siehe Abb. 3.4).

ii) Wie sieht dieselbe Dichtefunktion $\rho(\boldsymbol{r}, t)$ in einem *raum*festen System aus, das in P zentriert ist?

iii) Man gebe den Trägheitstensor im körperfesten System des Abschnitts i an. Mit welchem Trägheitsmoment rotiert die Kugel um eine tangentiale Achse durch P?

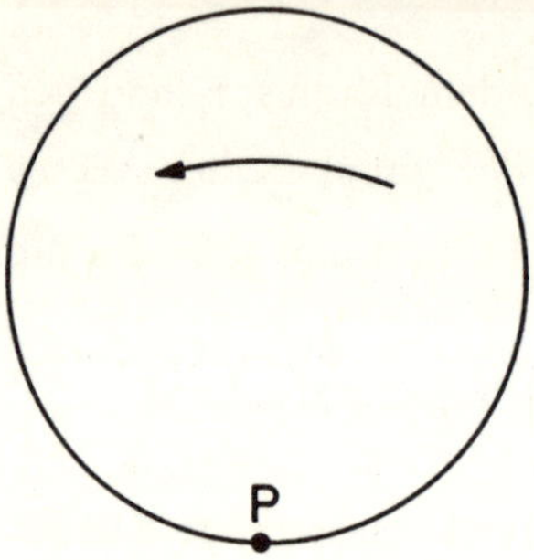

Abb. 3.4

Hinweis: Man verwende die Stufenfunktion

$$\theta(x) = 1 \text{ für } x \geq 0$$
$$\theta(x) = 0 \text{ für } x < 0.$$

Lösung: i) $\rho(\boldsymbol{r}) = \rho_0 \theta(a - |\boldsymbol{r}|)$. Die Gesamtmasse ist das Volumenintegral über $\rho(\boldsymbol{r})$:

$$M = \frac{4\pi}{3} a^3 \rho_0 \Rightarrow \rho_0 = \frac{3M}{4\pi a^3} .$$

ii) Wir wählen die 3-Achse als Drehachse. Die Koordinaten im körperfesten System seien (x, y, z), die im raumfesten System

$$x' = x \cos\omega t - (y + a) \sin\omega t ,$$
$$y' = x \sin\omega t + (y + a) \cos\omega t ,$$
$$z' = z .$$

Die Umkehrung lautet

$$x = +x' \cos\omega t + y' \sin\omega t ,$$
$$y = -x' \sin\omega t + y' \cos\omega t - a .$$

Damit ist

$$x^2 + y^2 = x'^2 + y'^2 + a^2 + 2a(x' \sin\omega t - y' \cos\omega t) .$$

Daraus ergibt sich

$$\rho(\boldsymbol{r}', t) = \rho_0 \theta \left(a - \sqrt{\boldsymbol{r}'^2 + a^2 + 2a(x' \sin\omega t - y' \cos\omega t)} \right) .$$

iii) Im Fall der homogenen Kugel ist der Trägheitstensor diagonal, und alle Hauptträgheitsmomente sind gleich: $I_1 = I_2 = I_3 = I$. Daher ist

$$3I = I_1 + I_2 + I_3 = 2\int d^3r\,\rho(\boldsymbol{r})\boldsymbol{r}^2 = \frac{6Ma^2}{5}\,.$$

Mit dem Satz von Steiner folgt

$$I_3' = I_3 + M(\boldsymbol{a}^2\delta_{33} - a_3^2) = \frac{7Ma^2}{5}\,.$$

AUFGABE

3.10 Ein homogener Kreiszylinder mit der Länge h, dem Radius r und der Masse m rollt im Schwerefeld eine schiefe Ebene herunter.

i) Man stelle die gesamte kinetische Energie des Zylinders auf und gebe das für die Bewegung relevante Trägheitsmoment an.

ii) Man stelle die Lagrangefunktion auf und löse die Bewegungsgleichung.

Lösung: i) Das Volumen des Zylinders ist $V = \pi r^2 h$, die Massendichte daher $\rho_0 = m/(\pi r^2 h)$. Das Trägheitsmoment für die Drehung um die Symmetrieachse berechnet man in Zylinderkoordinaten,

$$I_3 = \rho_0 \int_0^{2\pi} d\phi \int_0^h dz \int_0^r \rho^3 d\rho = \frac{1}{2}mr^2\,.$$

Es sei $q(t)$ die Projektion der Bahn des Schwerpunkts auf die schiefe Ebene. Wenn der Schwerpunkt sich um dq bewegt, so dreht sich der Zylinder um $d\varphi = dq/r$. Die gesamte kinetische Energie ist somit

$$T = \frac{1}{2}m\dot{q}^2 + \frac{1}{2}I_3\frac{\dot{q}^2}{r^2} = \frac{3}{4}m\dot{q}^2\,.$$

ii) Eine Lagrangefunktion ist $L = T - U = 3m\dot{q}^2/4 - mg(q_0 - q)\sin\alpha$, wo q_0 die Länge der ebenen Fläche, α ihr Neigungswinkel ist. Die Bewegungsgleichung lautet $3m\ddot{q}/2 = mg\sin\alpha$, die allgemeine Lösung ist dann $q(t) = q(0) + v(0)t + g\sin\alpha t^2/3$.

AUFGABE

3.11 *Zur Bewegungsmannigfaltigkeit des starren Körpers.* Eine Drehung $R \in \mathrm{SO}(3)$ kann man durch Angabe eines Einheitsvektors $\hat{\boldsymbol{\varphi}}$ (Richtung, um die gedreht wird) und eines Drehwinkels φ festlegen.

i) Warum reicht das Intervall $0 \leq \varphi \leq \pi$ aus, um jede Drehung zu beschreiben?

ii) Man zeige: Der Parameterraum $(\hat{\boldsymbol{\varphi}}, \varphi)$ füllt das Innere einer Kugel mit Radius π im $\mathbb{R}^3$. Diese Vollkugel wird mit D^2 bezeichnet. Antipodenpunkte auf der Oberfläche dieser Kugel stellen dieselbe Drehung dar, man muß sie also identifizieren.

iii) In D^2 kann man zwei Typen von geschlossenen Kurven zeichnen, nämlich solche, die sich zu einem Punkt zusammenziehen lassen, und solche, die Antipoden verbinden. Man zeige anhand von Skizzen, daß jede geschlossenen Kurve durch stetige Deformationen auf den ersten oder zweiten Typ zurückgeführt werden kann.

Ergebnis: Die Parametermannigfaltigkeit von SO(3) ist zweifach zusammenhängend.

Lösung: i) Die Drehung $R(\varphi \cdot \hat{\varphi})$ stellt eine Rechtsdrehung mit Winkel φ um die Richtung $\hat{\varphi}$ dar, wobei $0 \leq \varphi \leq \pi$ sei. Dann erreicht man jede gewünschte Position durch Drehungen um die Richtung $\hat{\varphi}$ und die Richtung $-\hat{\varphi}$.

ii) Der Parameterraum $(\varphi, \hat{\varphi})$, wo $\hat{\varphi}$ jede beliebige Richtung im $\mathbb{R}^3$ haben kann und φ zwischen Null und π liegt, erfüllt die Vollkugel D^2. Jeder Punkt $p \in D^2$ stellt eine Drehung dar, wo $\hat{\varphi}$ durch die Polarwinkel von p und φ durch seinen Abstand vom Mittelpunkt gegeben ist. Allerdings stellen $A\colon(\hat{\varphi}, \varphi = \pi)$ und $B\colon(-\hat{\varphi}, \varphi = \pi)$ dieselbe Drehung dar.

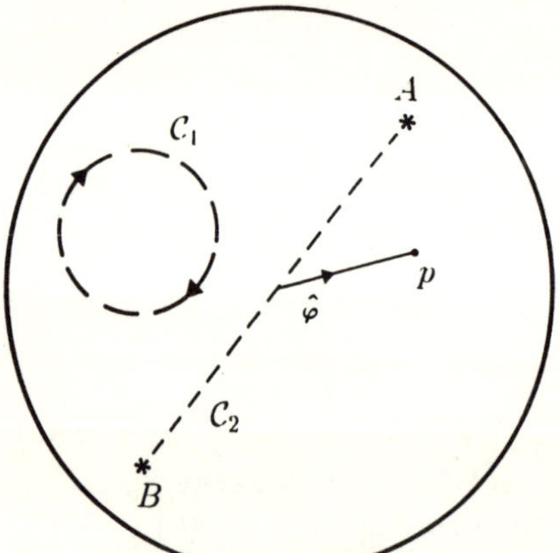

Abb. 3.5

iii) Es gibt zwei Typen von geschlossenen Kurven in D^2, nämlich solche vom Typus C_1 der Abb. 3.5, die sich durch stetige Deformation zu einem Punkt zusammenziehen lassen, und solche vom Typus C_2, die diese Eigenschaft nicht haben. C_2 verbindet die Antipoden A und B. Da diese dieselbe Drehung darstellen, ist C_2 geschlossen. Jede stetige Deformation von C_2, die A nach A' verschiebt, verschiebt gleichzeitig B nach B', dem Antipodenpunkt von A'.

C_1 enthält keine Sprünge zwischen Antipoden, C_2 enthält einen Antipodensprung. Man überlegt sich anhand einer Zeichnung, daß alle geschlossenen Kurven mit einer *geraden* Zahl von Antipodensprüngen stetig auf C_1 bzw. auf einen Punkt deformiert werden können.

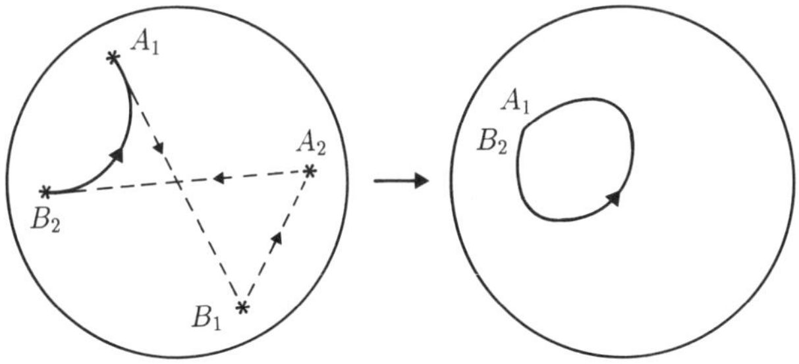

Abb. 3.6

Zum Beispiel für zwei Sprünge kann man in Abb. 3.6 A_1 nach B_2 derart wandern lassen, daß das Wegstück B_1A_2 nach Null geht, die Stücke A_1B_1 und A_2B_2 entgegengesetzt gleich werden und die dann geschlossene Schleife A_1B_2 zu einer Kurve vom Typus $\mathcal{C}_1$ wird. Ebenso zeigt man, daß alle Kurven mit einer *ungeraden* Zahl von Sprüngen stetig auf $\mathcal{C}_2$ deformiert werden können.

AUFGABE

3.12 (Andere Lösungsmethode der Aufgabe 3.11.) Man bestimme die Parametermannigfaltigkeit der Drehgruppe SO(3) auf folgende Weise. Man betrachte einerseits die Einheitskugel S^3 im $\mathbb{R}^4$,

$$(x^1)^2 + (x^2)^2 + (x^3)^2 + (x^4)^2 = 1 ,$$

die durch

$$\begin{aligned} x^1 &= \cos\gamma\cos\alpha , \\ x^2 &= \cos\gamma\sin\alpha , \\ x^3 &= \sin\gamma\cos\beta , \\ x^4 &= \sin\gamma\sin\beta \end{aligned}$$

parametrisiert sei. Dabei durchlaufen die Winkel α, β, γ die Intervalle

$$\alpha, \beta \in [0, 2\pi) , \quad \gamma \in [0, \pi/2] .$$

Andererseits sei $R \in$ SO(3) durch Eulerwinkel parametrisiert, vgl. Gl. (M3.38). Man stelle R durch Ausmultiplikation von $R_3(\psi)$, $R_2(\theta)$ und $R_3(\phi)$ auf und betrachte die Abbildung

$$f: S^3 \to \mathrm{SO}(3) ,$$

die durch $\phi = \alpha + \beta$, $\psi = \alpha - \beta$, $\theta = 2\gamma$ gegeben ist.

Man zeige: f ist surjektiv. Die Punkte $\boldsymbol{x}$ und $-\boldsymbol{x}$ werden auf das gleiche Element von SO(3) abgebildet.

Lösung: Durch Ausmultiplikation ergibt sich $R \in \mathrm{SO}(3)$ als Funktion der Eulerwinkel zu

$$R(\psi,\theta,\phi) = \begin{pmatrix} \cos\phi\cos\theta\cos\psi & \sin\phi\cos\theta\cos\psi & \\ -\sin\phi\sin\psi & +\cos\phi\sin\psi & -\sin\theta\cos\psi \\ -\cos\phi\cos\theta\sin\psi & -\sin\phi\cos\theta\sin\psi & \\ -\sin\phi\cos\psi & +\cos\phi\cos\psi & \sin\theta\sin\psi \\ \cos\phi\sin\theta & \sin\phi\sin\theta & \cos\theta \end{pmatrix} .$$

Beachtet man, daß die Einheitsvektoren in Kugelkoordinaten durch (s. Aufgabe 1.4)

$$\begin{aligned} \hat{\boldsymbol{e}}_r &= (\sin\theta\cos\phi, \sin\theta\sin\phi, \cos\theta) \\ \hat{\boldsymbol{e}}_\phi &= (-\sin\phi, \cos\phi, 0) \\ \hat{\boldsymbol{e}}_\theta &= (\cos\theta\cos\phi, \cos\theta\sin\phi, -\sin\theta) \end{aligned}$$

gegeben sind, so kann man R schreiben als

$$R(\psi,\theta,\phi) = \begin{pmatrix} \hat{\boldsymbol{e}}_\theta\cos\psi + \hat{\boldsymbol{e}}_\phi\sin\psi \\ -\hat{\boldsymbol{e}}_\theta\sin\psi + \hat{\boldsymbol{e}}_\phi\cos\psi \\ \hat{\boldsymbol{e}}_r \end{pmatrix} ,$$

solange $\theta \neq 0$ oder π ist. Die Spitze von $\hat{\boldsymbol{e}}_r$ liegt auf einer S^2, während $(\sin\psi, \cos\psi)$ einen Kreis S^1 parametrisiert. Für $\theta = 0$ bzw. π hat man

$$R = \begin{pmatrix} \cos(\phi\pm\psi) & \sin(\phi\pm\psi) & 0 \\ -\sin(\phi\pm\psi) & \cos(\phi\pm\psi) & 0 \\ 0 & 0 & \pm 1 \end{pmatrix} .$$

Die Abbildung $f\colon S^3 \to \mathrm{SO}(3)$ ist surjektiv. Die Umkehrformeln lauten

$$\begin{aligned} \gamma &= \frac{1}{2}\theta = \frac{1}{2}\arccos R_{33}\,, \\ \alpha &= \frac{1}{2}(\phi+\psi) = \frac{1}{2\sqrt{1-R_{33}^2}}(\arcsin R_{32} + \arcsin R_{23})\,, \\ \beta &= \frac{1}{2}(\phi-\psi) = \frac{1}{2\sqrt{1-R_{33}^2}}(\arccos R_{31} + \arccos R_{13})\,, \end{aligned}$$

wobei man die Zweige der zyklometrischen Funktionen unterscheiden muß. Falls $R_{33} = 1$ ist, so ist $\alpha = (1/2)\arccos R_{11}$, $\gamma = 0$. Falls $R_{33} = -1$ ist, so ist $\beta = (1/2)\arccos R_{11}$, $\gamma = \pi/2$.

Man zeigt nun: Die Punkte $\boldsymbol{x}$ und $\boldsymbol{x}' = -\boldsymbol{x} \in S^3$ haben dasselbe Bild in $\mathrm{SO}(3)$, $f(\boldsymbol{x}) = f(\boldsymbol{x}')$. Das sieht man wie folgt: Aus $\cos 2\gamma = \cos 2\gamma'$ folgt im Intervall $[0, \pi/2]$ auch $\gamma = \gamma'$. Aus $\cos(\alpha\pm\beta) = \cos(\alpha'\pm\beta')$ und $\sin(\alpha\pm\beta) = \sin(\alpha'\pm\beta')$ folgt $\alpha+\beta = \alpha'+\beta'+2m\pi$, $\alpha-\beta = \alpha'-\beta'+2n\pi$, also $\alpha = \alpha'+\pi(m+n)$ und $\beta = \beta'+\pi(n-m)$. Daraus folgt, daß die Elemente $\boldsymbol{x}(\alpha,\beta,\gamma)$ und $\boldsymbol{x}'(\alpha+\pi, \beta+\pi, \gamma) = -\boldsymbol{x} \in S^3$ auf dasselbe Element von $\mathrm{SO}(3)$ abgebildet werden.

AUFGABE

3.13 Man berechne die Poissonklammern (M3.92) bis (M3.95).

Lösung: Wir führen die Rechnung als Beispiel für die Gleichung (M3.93) durch. In (M3.89) sind die Ausdrücke für die Drehimpulskomponenten angegeben:

$$\begin{aligned}
\bar{L}_1 &= \frac{1}{\sin\theta}(p_\phi - p_\psi \cos\theta)\sin\psi + p_\theta \cos\psi \\
\bar{L}_2 &= \frac{1}{\sin\theta}(p_\phi - p_\psi \cos\theta)\cos\psi - p_\theta \sin\psi \\
\bar{L}_3 &= p_\psi
\end{aligned}$$

Berücksichtigen wir noch, daß aus der Definition der Poissonklammern folgt, daß $\{p_i, f(q_j)\} = \delta_{ij} f'(q_j)$ ist, so können wir sofort ausrechnen:

$$\begin{aligned}
&\{\bar{L}_1, \bar{L}_2\} \\
&= \left\{ p_\phi \frac{\sin\psi}{\sin\theta} - p_\psi \sin\psi \cot\theta + p_\theta \cos\psi, p_\phi \frac{\cos\psi}{\sin\theta} - p_\psi \cos\psi \cot\theta - p_\theta \sin\psi \right\} \\
&= p_\phi \frac{\cos\theta}{\sin^2\theta} \left(-\{\sin\psi, p_\psi \cos\psi\} - \{p_\psi \sin\psi, \cos\psi\}\right) \\
&\quad + p_\phi \left(-\sin^2\psi \{\frac{1}{\sin\theta}, p_\theta\} + \cos^2\psi \{p_\theta, \frac{1}{\sin\theta}\} \right) \\
&\quad + \cot^2\theta \{p_\psi \sin\psi, p_\psi \cos\psi\} \\
&\quad + (\sin\psi \{p_\psi \cot\theta, p_\theta \sin\psi\} - \cos\psi \{p_\theta \cos\psi, p_\psi \cot\theta\}) \\
&= +p_\phi \frac{\cos\theta}{\sin^2\theta} - p_\phi \frac{\cos\theta}{\sin^2\theta} - p_\psi \cot^2\theta + p_\psi \frac{1}{\sin^2\theta} \\
&= p_\psi = \bar{L}_3 \,.
\end{aligned}$$

4. Relativistische Mechanik

AUFGABE

4.1 i) Ein neutrales π-Meson (π^0) fliegt mit der konstanten Geschwindigkeit v_0 in der x^1-Richtung. Man stelle den vollständigen Energie-Impulsvektor des π^0 auf. Man konstruiere die spezielle Lorentztransformation, die vom Laborsystem in das Ruhesystem des Teilchens führt.

ii) Das Teilchen zerfällt *isotrop* in zwei Photonen, d. h. in seinem Ruhesystem treten alle Emissionsrichtungen mit gleicher Wahrscheinlichkeit auf. Man untersuche die Zerfallsverteilung im Laborsystem.

Lösung: i) Das neutrale Pion fliege mit der Geschwindigkeit $\boldsymbol{v} = v_0 \hat{\boldsymbol{e}}_3$ in 3 -Richtung. Der vollständige Energie-Impulsvektor des Pions ist

$$q = \left(\frac{1}{c}E_q, \boldsymbol{q}\right) = (\gamma_0 m_\pi c, \gamma_0 m_\pi \boldsymbol{v}) = \gamma_0 m_\pi c(1, \beta_0 \hat{\boldsymbol{e}}_3)\,,$$

wobei $\beta_0 = v_0/c$, $\gamma_0 = (1-\beta_0^2)^{-1/2}$ ist. Die spezielle Lorentztransformation, die ins Ruhesystem des Pions transformiert, ist

$$L_{-\boldsymbol{v}} = \begin{pmatrix} \gamma_0 & 0 & 0 & -\gamma_0\beta_0 \\ 0 & 1 & 0 & 0 \\ 0 & 0 & 1 & 0 \\ -\gamma_0\beta_0 & 0 & 0 & \gamma_0 \end{pmatrix},$$

denn $L_{-\boldsymbol{v}} q = q^* = (m_\pi c, 0)$.

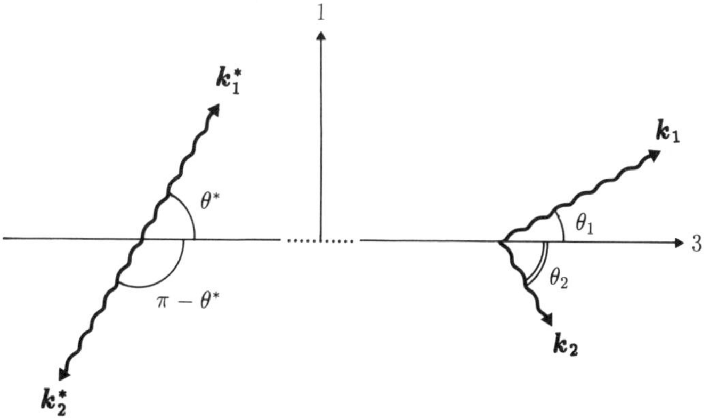

Abb. 4.1

ii) Im Ruhesystem (Abb. 4.1 links) haben die beiden Photonen die Viererimpulse $k_1^* = (E_1^*/c, \boldsymbol{k}_1^*)$ und $k_2^* = (E_2^*/c, \boldsymbol{k}_2^*)$. Die Erhaltung von Energie und Impuls verlangt $q^* = k_1^* + k_2^*$, d.h. $E_1^* + E_2^* = m_\pi c^2$, d.h. $\boldsymbol{k}_1^* + \boldsymbol{k}_2^* = 0$. Da die Photonen masselos sind, ist $E_i^* = |\boldsymbol{k}_i^*|c$ und, da $\boldsymbol{k}_1^* = -\boldsymbol{k}_2^*$, gilt $E_1^* = E_2^*$. Bezeichnen wir den Betrag von $\boldsymbol{k}_1^*$ mit κ^*, so folgt $\kappa^* = |\boldsymbol{k}_1^*| = |\boldsymbol{k}_2^*| = m_\pi c/2$.

Der Zerfall ist im Ruhesystem isotrop. Im Laborsystem ist nur die Flugrichtung des Pions ($\hat{\boldsymbol{e}}_3$) ausgezeichnet, daher ist der Zerfall dort symmetrisch um die 3-Achse. Wir betrachten die Verhältnisse in der $(1,3)$-Ebene und erhalten dann die volle Winkelverteilung durch Drehung um die 3-Achse. Es gilt $(\boldsymbol{k}_1^*)_3 = \kappa^* \cos\theta^* = -(\boldsymbol{k}_2^*)_3$, $(\boldsymbol{k}_1^*)_1 = \kappa^* \sin\theta^* = -(\boldsymbol{k}_2^*)_1$, die 2-Komponenten verschwinden. Im Laborsystem ist $k_i = L_{\boldsymbol{v}_0} k_i^*$, d.h.

$$\frac{1}{c}E_1 = \gamma_0\kappa^*(1+\beta_0 cos\theta^*)\,, \quad \frac{1}{c}E_2 = \gamma_0\kappa^*(1-\beta_0 cos\theta^*)\,,$$
$$(\boldsymbol{k}_1)_1 = (\boldsymbol{k}_1^*)_1 = \kappa^*\sin\theta^*\,, \quad (\boldsymbol{k}_2)_1 = (\boldsymbol{k}_2^*)_1 = -\kappa^*\sin\theta^*\,,$$
$$(\boldsymbol{k}_1)_3 = \gamma_0\kappa^*(\beta_0+\cos\theta^*)\,, \quad (\boldsymbol{k}_2)_3 = \gamma_0\kappa^*(\beta_0-\cos\theta^*)\,,$$
$$(\boldsymbol{k}_1)_2 = 0 = (\boldsymbol{k}_2)_2\,.$$

Hieraus folgt im Laborsystem

$$\tan\theta_1 = \frac{(\boldsymbol{k}_1)_1}{(\boldsymbol{k}_1)_3} = \frac{\sin\theta^*}{\gamma_0(\beta_0+\cos\theta^*)}\,; \quad \tan\theta_2 = \frac{-\sin\theta^*}{\gamma_0(\beta_0-\cos\theta^*)}\,.$$

Beispiele:

(a) $\theta^* = 0$ (Vorwärts- bzw. Rückwärtsemission):
Hier findet man aus den abgeleiteten Formeln $E_1 = m_\pi c^2\gamma_0(1+\beta_0)/2$, $E_2 = m_\pi c^2\gamma_0(1-\beta_0)/2$, $\boldsymbol{k}_1 = m_\pi c\gamma_0(\beta_0+1)\hat{\boldsymbol{e}}_3/2$, $\boldsymbol{k}_2 = m_\pi c\gamma_0(\beta_0-1)\hat{\boldsymbol{e}}_3/2$, und, da $\beta_0 \le 1$, $\theta_1 = 0$, $\theta_2 = \pi$.

(b) $\theta^* = \pi/2$ (Transversale Emission):
$E_1 = E_2 = m_\pi c^2\gamma_0/2$, $\boldsymbol{k}_1 = m_\pi c(\hat{\boldsymbol{e}}_1 + \gamma_0\beta_0\hat{\boldsymbol{e}}_3)/2$, $\boldsymbol{k}_2 = m_\pi c(-\hat{\boldsymbol{e}}_1 + \gamma_0\beta_0\hat{\boldsymbol{e}}_3)/2$, $\tan\theta_1 = 1/(\gamma_0\beta_0) = \tan\theta_2$.

(c) $\theta^* = \pi/4$ und $\beta_0 = 1/\sqrt{2}$, d.h. $\gamma_0 = \sqrt{2}$:
$E_1 = 3m_\pi c^2\gamma_0/4$, $E_2 = m_\pi c^2\gamma_0/4$, $\boldsymbol{k}_1 = m_\pi c(\hat{\boldsymbol{e}}_1 + 2\sqrt{2}\hat{\boldsymbol{e}}_3)/(2\sqrt{2})$, $\boldsymbol{k}_2 = \frac{1}{2\sqrt{2}}m_\pi c(-\hat{\boldsymbol{e}}_1)$, $\theta_1 = \arctan(1/2\sqrt{2}) \approx 0{,}108\pi$, $\theta_2 = \pi/2$.

Im Ruhesystem ist die Zerfallsverteilung isotrop, d.h. die differentielle Wahrscheinlichkeit $d\Gamma$, daß die Richtung von $\boldsymbol{k}_1^*$ in das Raumwinkelelement $d\Omega^* = \sin\theta^* d\theta^* d\varphi^*$ fällt, ist unabhängig von θ^* und φ^*. (Man lege eine Kugel vom Radius 1 um das zerfallende Pion. Betrachtet man sehr viele Zerfälle, so wird das Photon 1 jedes Flächenelement $d\Omega^*$ auf dieser Kugel mit derselben Häufigkeit durchstoßen.) Also ist

$$d\Gamma = \Gamma_0 d\Omega^* \quad \text{mit } \Gamma_0 = \text{konst.}$$

Im *Laborsystem* ist die analoge Verteilung nicht mehr isotrop, sondern in Flugrichtung verzerrt (aber immer noch axialsymmetrisch). Es ist

$$\frac{1}{\Gamma_0}d\Gamma = \left|\frac{d\Omega^*}{d\Omega}\right| d\Omega \quad \text{mit} \quad \frac{d\Omega^*}{d\Omega} = \frac{\sin\theta^*}{\sin\theta}\frac{d\theta^*}{d\theta}\,.$$

Man berechnet den Faktor $\sin\theta^*/\sin\theta$ aus der Formel für $\tan\theta_1$ oben,

$$\sin\theta = \frac{\tan\theta}{\sqrt{1+\tan^2\theta}} = \frac{\sin\theta^*}{\gamma_0(\beta_0+\cos\theta^*)}\,,$$

und die Ableitung $d\theta/d\theta^*$ aus $\theta = \arctan(\sin\theta^*/\gamma_0(\beta_0 + \cos\theta^*))$, wobei man die Beziehung $\gamma_0^2\beta_0^2 = \gamma_0^2 - 1$ benutzt. Es ergibt sich

$$\frac{d\Omega^*}{d\Omega} = \gamma_0^2(\beta_0 + \cos\theta^*)^2 \,.$$

$\cos\theta^*$ läßt sich auch durch den entsprechenden Winkel im Laborsystem ausdrükken,

$$\cos\theta^* = \frac{\cos\theta - \beta_0}{1 - \beta_0\cos\theta} \,.$$

Man bekommt einen guten Eindruck von der Verschiebung der Winkelverteilung, wenn man die Funktion

$$F(\theta) := \frac{d\Omega^*}{d\Omega} = \gamma_0^2\left(1 + \beta_0\frac{\cos\theta - \beta_0}{1 - \beta_0\cos\theta}\right)^2$$

für verschiedene Werte von β_0 aufzeichnet.

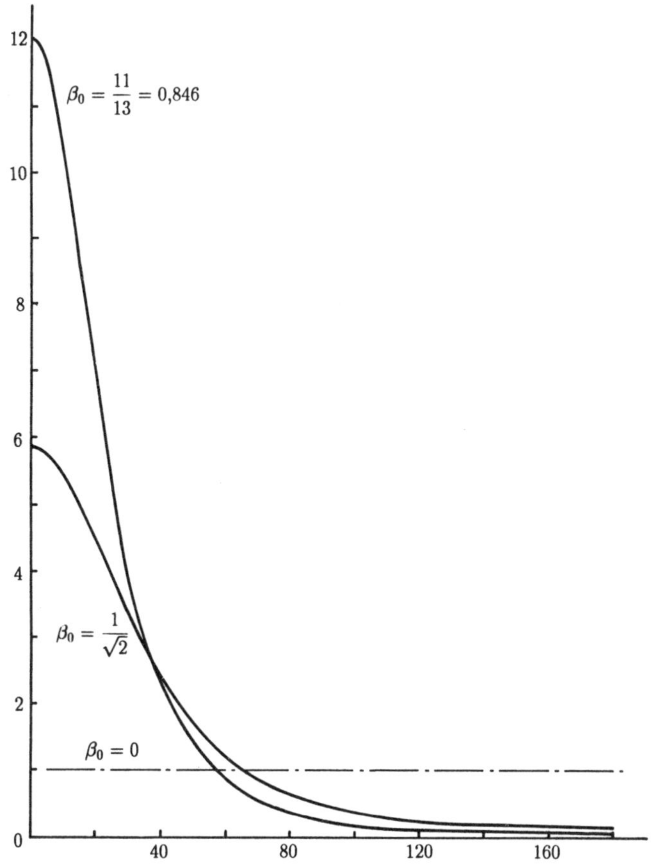

Abb. 4.2

Generell gilt $dF/d\theta|_{\theta=0} = 0$; für $\beta_0 \to 1$ strebt $F(0) = (1+\beta_0)/(1-\beta_0)$ nach Unendlich, während für ein kleines Argument $\theta = \varepsilon \ll 1$

$$F(\varepsilon) \approx \frac{1+\beta_0}{1-\beta_0}\left(1-\frac{\varepsilon^2}{1-\beta_0}\right)$$

gilt, d. h. F für $\varepsilon^2 \approx (1-\beta_0)$ sehr klein wird. Für $\beta_0 \to 1$ fällt $F(\theta)$ daher mit wachsendem θ sehr rasch ab. Die Abbildung 4.2 zeigt die Beispiele $\beta_0 = 0$, $\beta_0 = 1/\sqrt{2}$, $\beta_0 = 11/13$.

AUFGABE

4.2 i) Für den Zerfall $\pi \to \mu + \nu$ (siehe Beispiel (i) aus Abschn. M4.8), der im Ruhesystem des Pions isotrop ist, zeige man, daß es ab einer festen Energie des Pions im Laborsystem einen Maximalwinkel relativ zur Bewegungsrichtung des Pions gibt, unter dem die Myonen emittiert werden. Man berechne diese Energie und den maximalen Emissionswinkel als Funktion von m_π und m_μ (Abb. 4.3).

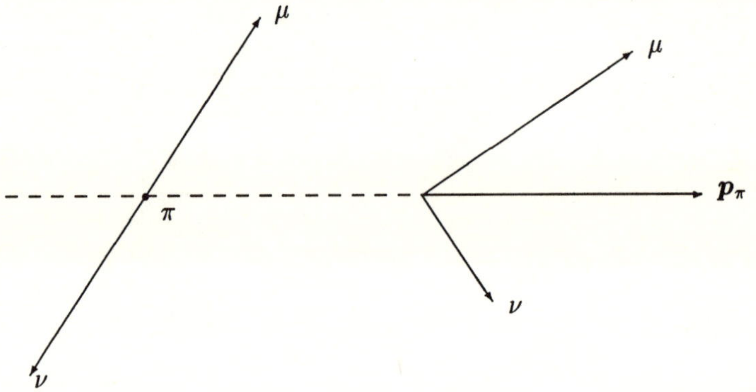

Abb. 4.3

Wohin laufen Myonen im Laborsystem, die im Ruhesystem des Pions vorwärts, rückwärts bzw. senkrecht zur Flugrichtung des Pions emittiert werden?

ii) Man erzeuge aus der (isotropen) Verteilung der Myonen im Ruhesystem unter Verwendung von Zufallszahlen die entsprechende Verteilung im Laborsystem.

Lösung: i) Die Energie-Impulsvektoren (Vierervektoren) von π, μ und ν seien mit q, p bzw. k bezeichnet. Es gilt stets $q = p + k$. Im Ruhesystem des Pions gilt

$$q = (m_\pi c, \boldsymbol{q} = 0)\,, \quad p = \left(\frac{1}{c}E_p^*, \boldsymbol{p}^*\right)\,, \quad k = \left(\frac{1}{c}E_k^*, -\boldsymbol{p}^*\right)\,.$$

Bezeichnet $\kappa^* := |\boldsymbol{p}^*|$ den Betrag des Impulses des Myons und des Neutrinos, so folgt

$$E_k^* = \kappa^* c = \frac{m_\pi^2 - m_\mu^2}{2m_\pi}c^2\,, \quad E_p^* = \sqrt{(\kappa^* c)^2 + (m_\mu c)^2} = \frac{m_\pi^2 + m_\mu^2}{2m_\pi}c^2\,.$$

Im Laborsystem gilt folgendes: Das Pion hat die Geschwindigkeit $\boldsymbol{v}_0 = v_0\hat{\boldsymbol{e}}_3$ und somit ist $q = (E_q/c, \boldsymbol{q}) = (\gamma_0 m_\pi c, \gamma_0 m_\pi \boldsymbol{v}_0) = \gamma_0 m_\pi c(1, \beta_0\hat{\boldsymbol{e}}_3)$ mit $\beta_0 = v_0/c$,

$\gamma_0 = 1/\sqrt{1-\beta_0^2}$. Es genügt, die Verhältnisse in der $(1,3)$-Ebene zu studieren. Die Transformation vom Ruhesystem des Pions ins Laborsystem gibt

$$\begin{aligned}
\frac{1}{c}E_p &= \gamma_0\left(\frac{1}{c}E_p^* + \beta_0 p^{*3}\right) = \gamma_0\left(\frac{1}{c}E_p^* + \beta_0\kappa^*\cos\theta^*\right), \\
p^1 &= p^{*1}, \\
p^2 &= p^{*2} = 0, \\
p^3 &= \gamma_0\left(\frac{1}{c}\beta_0 E_p^* + p^{*3}\right) = \gamma_0\left(\frac{1}{c}\beta_0 E_p^* + \kappa^*\cos\theta^*\right)
\end{aligned}$$

und somit für den Zusammenhang zwischen den Emissionswinkeln θ^* und θ (s. Abb. 4.4):

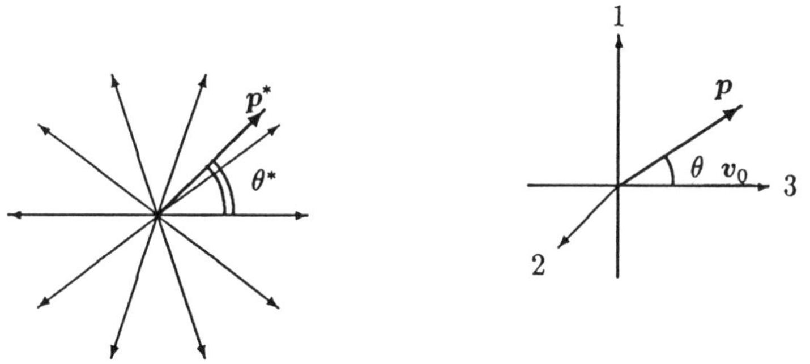

Abb. 4.4

$$\tan\theta = \frac{p^1}{p^3} = \frac{\kappa^*\sin\theta^*}{\gamma_0(\beta_0 E_p^*/c + \kappa^*\cos\theta^*)}, \tag{1}$$

oder

$$\tan\theta = \frac{(m_\pi^2 - m_\mu^2)\sin\theta^*}{\gamma_0(\beta_0(m_\pi^2 + m_\mu^2) + (m_\pi^2 - m_\mu^2)\cos\theta^*)}. \tag{2}$$

Verwendet man $\beta^* := c\kappa^*/E_p^* = (m_\pi^2 - m_\mu^2)/(m_\pi^2 + m_\mu^2)$, d. i. der β-Faktor des Myons im Ruhesystem des Pions, so lautet (1)

$$\tan\theta = \frac{\beta^*\sin\theta^*}{\gamma_0(\beta_0 + \beta^*\cos\theta^*)}. \tag{3}$$

Ein Maximalwinkel θ existiert, wenn die im Ruhesystem rückwärts emittierten Myonen ($\theta^* = \pi$) im Laborsystem $p^3 = \gamma_0 E_p^*/c(\beta_0 + \beta^*\cos\theta^*) = \gamma_0 E_p^*/c(\beta_0 - \beta^*) > 0$ haben, d. h. wenn $\beta_0 > \beta^*$ ist. Die Größe des Maximalwinkels erhält man aus $d\tan\theta/d\theta^* \stackrel{!}{=} 0$, d. h. $\cos\theta^*(\beta_0 + \beta^*\cos\theta^*) + \beta^*\sin^2\theta^* = 0$ oder $\cos\theta^* = -\beta^*/\beta_0$. Damit folgt

$$\tan\theta_{\max} = \frac{\beta^*\sqrt{\beta_0^2 - \beta^{*2}}}{\gamma_0(\beta_0^2 - \beta^{*2})} = \frac{\beta^*}{\gamma_0\sqrt{\beta_0^2 - \beta^{*2}}} = \frac{\beta^*\sqrt{1-\beta_0^2}}{\sqrt{\beta_0^2 - \beta^{*2}}}. \tag{4}$$

ii) Im Ruhesystem ist die Zerfallswahrscheinlichkeit

$$d\Gamma = \Gamma_0 d\Omega^* = \Gamma_0 \sin\theta^* d\theta^* d\varphi^* .$$

Man erzeugt also Zerfälle über den Zufallszahlengenerator (siehe Abschnitt A.2) für $d\Gamma/\Gamma_0$ mit gleicher Wahrscheinlichkeit für das Element $d(\cos\theta^*) = -\sin\theta^* d\theta^*$ im Intervall $-1 \leq z^* := \cos\theta^* \leq +1$. Man berechnet daraus

$$\frac{1}{\Gamma_0} d\Gamma = \left| \frac{d\Omega^*}{d\Omega} \right| d\Omega .$$

Es ist

$$d\Omega^*/d\Omega = \frac{\sin\theta^*}{\sin\theta} \frac{d\theta^*}{d\theta} .$$

Aus $\sin\theta = \tan\theta/\sqrt{1+\tan^2\theta}$ folgt

$$\frac{\sin\theta^*}{\sin\theta} = \frac{1}{\beta^*}\sqrt{\gamma_0^2(\beta_0 + \beta^* \cos\theta^*)^2 + \beta^{*2}\sin^2\theta^*} ,$$

während man $\frac{d\theta^*}{d\theta}$ aus (3) berechnet. Es ergibt sich

$$\frac{d\Omega^*}{d\Omega} = \frac{1}{\gamma_0 \beta^{*2}} \frac{(\gamma_0^2(\beta_0 + \beta^* \cos\theta^*)^2 + \beta^{*2}\sin^2\theta^*)^{3/2}}{\beta_0 \cos\theta^* + \beta^*} .$$

Diese Verteilung wird singulär bei $\cos\theta^* = -\beta^*/\beta_0$, d.h. beim Maximalwinkel $\theta_{\max}$. Abb. 4.5 zeigt zwei Beispiele von Verteilungen im Laborsystem, einmal für $\beta_0 = 0{,}3$, das andere für $\beta_0 = 0{,}5$.

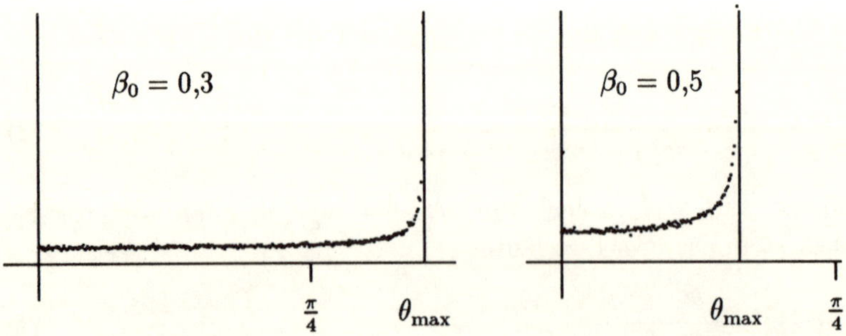

Abb. 4.5

AUFGABE

4.3 Wir betrachten eine elastische Zweiteilchenreaktion $A + B \to A + B$, bei der die Relativgeschwindigkeit von A (Projektil) und B (Target) gegenüber der Lichtgeschwindigkeit nicht klein ist.

Beispiele: $e^- + e^- \to e^- + e^-$, $\nu + e \to \nu + e$, $p + p \to p + p$.
Die Viererimpulse vor und nach der Streuung seien q_A, q_B bzw. q'_A, q'_B. Die

folgenden Größen

$$s := c^2(q_A + q_B)^2\,, \quad t := c^2(q_A - q'_A)^2$$

sind Lorentzskalare, d. h. sie haben in allen Bezugssystemen denselben Wert. Die Energie-Impulserhaltung verlangt die Gleichung $q'_A + q'_B = q_A + q_B$, außerdem gilt $q_A^2 = q_A'^2 = (m_A c)^2$, $q_B^2 = q_B'^2 = (m_B c)^2$.

i) Man drücke s und t durch die Energien und Impulse der Teilchen im Schwerpunktsystem aus. Sind q^* der Betrag des (Dreier-)Impulses, θ^* der Streuwinkel im Schwerpunktsystem, was ist der Zusammenhang von q^* und θ^* mit s und t?

ii) Es sei noch $u := c^2(q_A - q'_B)^2$ definiert. Man beweise, daß

$$s + t + u = 2(m_A^2 + m_B^2)c^4 \quad \text{gilt.}$$

Lösung: Die Variablen $s = c^2(q_A + q_B)^2$ und $t = c^2(q_A - q'_A)^2$ sind Normquadrate von Vierervektoren und sind daher unter Lorentztransformationen invariant. Das gleiche gilt für $u := c^2(q_A - q'_B)^2$. Für die folgenden Rechnungen ist es bequem, die Einheiten so zu wählen, daß $c = 1$ wird. Es ist nicht schwer, die Konstante c in die Endausdrücke wieder einzusetzen. (Das ist dann wichtig, wenn man nach v/c entwickeln will.) Dabei beachte man, daß Masse $\times\, c^2$ und Impuls $\times\, c$ die Dimension Energie haben.

Die Erhaltung von Energie und Impuls bedeutet, daß die vier Gleichungen

$$q_A + q_B = q'_A + q'_B \tag{1}$$

erfüllt sein müssen. Für s, t, u bedeutet das, daß man sie je auf zwei Weisen ausdrücken kann ($c = 1$ gesetzt):

$$s = (q_A + q_B)^2 = (q'_A + q'_B)^2 \tag{2}$$
$$t = (q_A - q'_A)^2 = (q'_B - q_B)^2 \tag{3}$$
$$u = (q_A - q'_B)^2 = (q'_A - q_B)^2 \tag{4}$$

i) Im Schwerpunktsystem gilt

$$\begin{aligned} q_A &= (E_A^*, \boldsymbol{q}^*)\,, \quad q_B = (E_B^*, -\boldsymbol{q}^*)\,, \\ q'_A &= (E_A'^*, \boldsymbol{q}'^*)\,, \quad q'_B = (E_A'^*, -\boldsymbol{q}'^*)\,, \end{aligned} \tag{5}$$

wobei $E_A^* = \sqrt{m_A^2 + (q^*)^2}$ mit $q^* := |\boldsymbol{q}^*|$, usw. ist.

Wegen des Erhaltungssatzes für die Energie gilt $|\boldsymbol{q}^*| = |\boldsymbol{q}'^*| \equiv q^*$, wie im nichtrelativistischen Fall. Es gilt aber nicht mehr die einfache Formel

$$(q^*)_{\text{n.r.}} = \frac{m_B}{m_A + m_B} \left|\boldsymbol{q}_A^{\text{lab}}\right|$$

der Gleichung (M1.79), weil die mit $(q^*)_{\text{n.r.}}$ nichtrelativistisch verbundene Energie

$$T_r = \frac{m_A + m_B}{2m_A m_B}(q^*)^2_{\text{n.r.}} \quad \text{ebenso wenig wie} \quad \frac{(\boldsymbol{q}_A + \boldsymbol{q}_B)^2}{2(m_A + m_B)}$$

separat erhalten ist. Es ist

$$s = (E_A^* + E_B^*)^2 = m_A^2 + m_B^2 + 2(q^*)^2 + 2\sqrt{((q^*)^2 + m_A^2)((q^*)^2 + m_B^2)}\,. \tag{6}$$

Physikalisch bedeutet s das Quadrat der Gesamtenergie im Schwerpunktsystem. Setzt man die Lichtgeschwindigkeit wieder ein, so ist

$$s = m_A^2 c^4 + m_B^2 c^4 + 2(q^*)^2 c^2 + 2\sqrt{((q^*)^2 c^2 + m_A^2 c^4)((q^*)^2 c^2 + m_B^2 c^4)}\,.$$

Zunächst bestätigen wir, daß s, abgesehen von den Ruhemassen, bei einer Entwicklung nach $1/c$ die nichtrelativistische kinetische Energie der Relativbewegung T_r enthält,

$$s \approx (m_A c^2 + m_B c^2)^2 \left(1 + \frac{1}{m_A m_B}(q^*)^2/c^2 + O\left(\frac{(q^*)^4}{m^4 c^4}\right)\right)\,,$$

und somit

$$\sqrt{s} \approx m_A c^2 + m_B c^2 + \frac{m_A + m_B}{2m_A m_B}(q^*)^2 + O\left(\frac{(q^* c)^4}{(mc^2)^4}\right)\,.$$

Aus (6) berechnet man den Betrag des Schwerpunktsimpulses

$$q^*(s) = \frac{1}{2\sqrt{s}}\sqrt{(s - (m_A + m_B)^2)\,(s - (m_A - m_B)^2)}\,. \tag{7}$$

Klarerweise kann die Reaktion nur stattfinden, wenn s mindestens gleich dem Quadrat der Summe der Ruheenergien ist,

$$s \geq s_0 := (m_A + m_B)^2 \mathrel{\hat{=}} (m_A c^2 + m_B c^2)^2\,.$$

s_0 ist die *Schwelle* der Reaktion. Für $s = s_0$ ist $q^* = 0$; an der Schwelle ist die kinetische Energie der Relativbewegung gleich Null.

Die Variable t läßt sich durch q^* und den Streuwinkel θ^* wie folgt ausdrücken:

$$t = (q_A - q_A')^2 = q_A^2 + q_A'^2 - 2q_A \cdot q_A' = 2m_A^2 - 2E_A^* E_A'^* + 2\boldsymbol{q}^* \cdot \boldsymbol{q}'^*\,.$$

Da die Beträge von $\boldsymbol{q}^*$ und $\boldsymbol{q}'^*$ gleich sind, ist $E_A^* = E_A'^*$. Somit

$$t = -2(q^*)^2(1 - \cos\theta^*)\,. \tag{8}$$

Bis auf das Vorzeichen ist t das Quadrat des Impulsübertrags $(\boldsymbol{q}^* - \boldsymbol{q}'^*)$ im Schwerpunktsystem. Für festes $s \geq s_0$ variiert t folgendermaßen:

$$-4(q^*)^2 \leq t \leq 0\,.$$

Beispiele: (a) $e^- + e^- \to e^- + e^-$

$$s \geq s_0 = 4(m_e c^2)^2 , \quad -(s - s_0) \leq t \leq 0 .$$

(b) $\nu + e^- \to e^- + \nu$

$$s \geq s_0 = (m_e c^2)^2 , \quad -\frac{1}{s}(s - s_0)^2 \leq t \leq 0 .$$

ii) Berechnet man $s + t + u$ aus den Formeln (2)–(4) und benutzt die Gleichung (1), so folgt $s + t + u = 2(m_A^2 + m_B^2)c^4$. Allgemeiner zeigt man für die Reaktion $A + B \to C + D$, daß

$$s + t + u = 2(m_A^2 + m_B^2 + m_C^2 + m_D^2)c^4 .$$

AUFGABE

4.4 Man berechne die Ausdrücke für die Variablen s und t aus Aufgabe 4.3 im Laborsystem (d. h. in demjenigen System, in dem das Target B vor dem Stoß in Ruhe ist). Was ist der Zusammenhang zwischen dem Streuwinkel θ im Laborsystem und θ^*, dem Streuwinkel im Schwerpunktsystem? Vergleiche mit der nichtrelativistischen Beziehung (M1.80).

Lösung: Im Laborsystem gilt

$$\begin{aligned} q_A &= (E_A, \boldsymbol{q}_A) , \quad q_B = (m_B c^2, 0) , \\ q'_A &= (E'_A, \boldsymbol{q}'_A) , \quad q'_B = (E'_B, \boldsymbol{q}'_B) , \end{aligned} \tag{1}$$

der Streuwinkel θ ist der Winkel zwischen $\boldsymbol{q}_A$ und $\boldsymbol{q}'_A$. Mit (3) aus Aufg. 4.3 (und $c = 1$) ist

$$t = q_A^2 + q_A'^2 - 2q_A q'_A = 2m_A^2 - 2E_A E'_A + 2|\boldsymbol{q}_A||\boldsymbol{q}'_A| \cos\theta . \tag{2}$$

Für t haben wir andererseits den Ausdruck (8) aus Aufg. 4.3. Das Ziel ist nun, die Laborgrößen E_A, E'_A, $|\boldsymbol{q}_A|$ und $|\boldsymbol{q}'_A|$ durch die Invarianten s und t auszudrücken. Für s ergibt sich im Laborsystem mit (1) $s = m_A^2 + m_B^2 + 2E_A m_B$, d. h.

$$E_A = \frac{1}{2m_B}(s - m_A^2 - m_B^2) . \tag{3}$$

Daraus berechnet man über $\boldsymbol{q}_A^2 = E_A^2 - m_A^2$

$$|\boldsymbol{q}_A| = \frac{1}{2m_B}\sqrt{(s - (m_A + m_B)^2)(s - (m_A - m_B)^2)} = \frac{1}{m_B} q^* \sqrt{s} \tag{4}$$

mit q^* aus (7) aus Aufg. 4.3. Berechnet man $t = (q_B - q'_B)^2$ im Laborsystem, so ergibt sich $E'_B = (2m_B^2 - t)/(2m_B)$ und somit $E'_A = E_A + m_B - E'_B$ zu

$$E'_A = \frac{1}{2m_B}(s + t - m_A^2 - m_B^2) = E_A + \frac{t}{2m_B} , \tag{5}$$

und schließlich aus $q_A'^2 = E_A'^2 - m_A^2$

$$|\boldsymbol{q}_A| = \frac{1}{2m_B}\sqrt{(s + t - (m_A + m_B)^2)(s + t - (m_A - m_B)^2)} . \tag{6}$$

Aus (3) folgt

$$\cos\theta = (E_A E'_A - m_A^2 + \frac{t}{2})\frac{1}{|\boldsymbol{q}_A||\boldsymbol{q}'_A|}\,.$$

Hieraus berechnet man $\sin\theta$ und $\tan\theta$ und ersetzt alle nichtinvarianten Größen durch die Ausdrücke (3)–(6). Mit $\Sigma := (m_A + m_B)^2$ und $\Delta := (m_A - m_B)^2$ ergibt sich

$$\tan\theta = \frac{2m_B\sqrt{-t(st + (s-\Sigma)(s-\Delta))}}{(s-\Sigma)(s-\Delta) + t(s - m_A^2 - m_B^2)}\,.$$

Schließlich lassen $\cos\theta^*$ und $\sin\theta^*$ sich, von (8) und (7) aus Aufg. 4.3 ausgehend, durch s und t ausdrücken,

$$\cos\theta^* = \frac{2st + (s-\Sigma)(s-\Delta)}{(s-\Sigma)(s-\Delta)}\,,$$

$$\sin\theta^* = 2\sqrt{s}\frac{\sqrt{-t(st + (s-\Sigma)(s-\Delta))}}{(s-\Sigma)(s-\Delta)}\,.$$

Ersetzt man die Wurzel im Zähler von $\tan\theta$ durch $\sin\theta^*$ und setzt im Nenner t als Funktion von $\cos\theta^*$ ein, so folgt das Ergebnis

$$\boxed{\tan\theta = \frac{2m_B\sqrt{s}}{s - m_A^2 - m_B^2}\frac{\sin\theta^*}{\cos\theta^* + \dfrac{s + m_A^2 - m_B^2}{s - m_A^2 + m_B^2}}} \qquad (7)$$

Für $s \approx (m_A + m_B)^2$ ergibt sich die nichtrelativistische Formel (M1.80). Interessant ist der Fall gleicher Massen, $m_A = m_B =: m$, wo

$$\tan\theta = \frac{2m}{\sqrt{s}}\tan\frac{\theta^*}{2}$$

gilt. Da $\sqrt{s} \geq 2m$ ist, wird θ gegenüber dem nichtrelativistischen Fall immer verkleinert. Zum Beispiel: Entwickelt man $\sqrt{s}$ nach dem Impuls des einlaufenden Teilchens, so ist $2m/\sqrt{s} \approx 1 - (\gamma^2 - 1)/8$.

AUFGABE

4.5 Im Ruhesystem eines Elektrons oder Myons wird dessen Spin (Eigendrehimpuls) durch den Vierervektor $s^\alpha := (0, \boldsymbol{s})$ beschrieben. Welche Form hat dieser Vektor in einem System, in dem das Teilchen den Impuls p hat? Berechne das Produkt $s^\alpha p_\alpha$.

Lösung: Um vom Ruhesystem eines Teilchens auf dasjenige System zu kommen, in dem sein Impuls $p = (E/c, \boldsymbol{p})$ ist, muß man eine Lorentztransformation

$L(-\boldsymbol{v})$ anwenden, wobei $\boldsymbol{p} = m\gamma\boldsymbol{v}$. Aufgelöst nach $\boldsymbol{v}$ ergibt dies

$$\boldsymbol{v} = \frac{\boldsymbol{p}c}{\sqrt{\boldsymbol{p}^2 + m^2c^2}} = \frac{\boldsymbol{p}c^2}{E} .$$

Einsetzen in Gleichung (M4.41) und Anwenden auf den Vektor $(0, \boldsymbol{s})$ ergibt

$$L(-\boldsymbol{v})(0, \boldsymbol{s}) = \left(-\frac{\gamma}{c}\boldsymbol{s} \cdot \boldsymbol{v}, \boldsymbol{s} + \frac{\gamma^2}{c^2(1+\gamma)}\boldsymbol{v} \cdot \boldsymbol{s}\boldsymbol{v}\right) .$$

Da $s^\alpha p_\alpha$ ein Lorentzskalar und damit unabhängig vom gewählten Bezugssystem ist, rechnet man diese Größe am einfachsten im Ruhesystem aus. Dort verschwindet sie (und damit in jedem Lorentzsystem).

AUFGABE

4.6 Zu zeigen:

i) Jeder lichtartige Vierervektor z ($z^2 = 0$) kann durch Lorentztransformationen auf die Form $(1, 1, 0, 0)$ gebracht werden.

ii) Jeder raumartige Vektor kann auf die Form $(0, z^1, 0, 0)$ mit $z^1 = \sqrt{-z^2}$ gebracht werden.

Man gebe in beiden Fällen die notwendigen Transformationen an.

Lösung: In beiden Fällen kann man das Koordinatensystem so legen, daß die y - und die z-Komponente des Vierervektors verschwinden und die x-Komponente positiv ist, d. h. er hat die Form $(z^0, z^1, 0, 0)$ mit $z^1 > 0$. Ist z^0 kleiner als Null, so wenden wir die Zeitumkehroperation (M4-30) an, die das Vorzeichen von z^0 umdreht, so daß wir von nun an ebenfalls $z^0 > 0$ annehmen können.

i) Für einen lichtartigen Vierervektor folgt aus $z^2 = 0$ sofort $z^0 = z^1$. Wir machen nun einen Boost in x-Richtung mit Parameter λ (vgl. (M4.39)). Damit wir die angegebene Form des Vierervektors herausbekommen, muß gelten:

$$z^0 \cosh\lambda - z^0 \sinh\lambda = 1 \quad \text{oder} \quad z^0 \mathrm{e}{-}\lambda = 1 .$$

Daraus folgt $\lambda = \ln z^0$.

ii) Für einen raumartigen Vierervektor ist $(z^0)^2 - (z^1)^2 = z^2 < 0$, d. h. $0 < z^0 < z^1$. Durch einen Boost mit Parameter λ wird er transformiert in

$$(z^0 \cosh\lambda - z^1 \sinh\lambda, z^1 \cosh\lambda - z^0 \sinh\lambda, 0, 0) .$$

Damit die Zeitkomponente dieses Vierervektors verschwindet, muß $\tanh\lambda = z^0/z^1$ sein. Drückt man nun noch $\sinh\lambda$ und $\cosh\lambda$ durch $\tanh\lambda$ aus, so ergibt sich die behauptete Beziehung $z^1 = \sqrt{-z^2}$.

AUFGABE

4.7 Bezeichnen $\underset{\sim}{\boldsymbol{J}}_i$ und $\underset{\sim}{\boldsymbol{K}}_i$ die Erzeugenden der Drehungen bzw. speziellen Transformationen (Abschn. M4.4.2(iii)), so bilde man

$$\underset{\sim}{\boldsymbol{A}}_p := \frac{1}{2}(\underset{\sim}{\boldsymbol{J}}_p + i\underset{\sim}{\boldsymbol{K}}_p)\,; \quad \underset{\sim}{\boldsymbol{B}}_p := \frac{1}{2}(\underset{\sim}{\boldsymbol{J}}_p - i\underset{\sim}{\boldsymbol{K}}_p)\,, \quad p,q = 1,2,3\,.$$

Unter Verwendung der Vertauschungsregeln (M4.59) berechne man $[\underset{\sim}{\boldsymbol{A}}_p, \underset{\sim}{\boldsymbol{A}}_q]$, $[\underset{\sim}{\boldsymbol{B}}_p, \underset{\sim}{\boldsymbol{B}}_q]$ und $[\underset{\sim}{\boldsymbol{A}}_p, \underset{\sim}{\boldsymbol{B}}_q]$ und vergleiche mit (M4.59).

Lösung: Die Vertauschungsregeln (M4.59) lassen sich unter Verwendung des Levi-Civitá-Symbols wie folgt zusammenfassen:

$$[\underset{\sim}{\boldsymbol{J}}_p, \underset{\sim}{\boldsymbol{J}}_q] = \varepsilon_{pqr}\underset{\sim}{\boldsymbol{J}}_r\,, \quad [\underset{\sim}{\boldsymbol{K}}_p, \underset{\sim}{\boldsymbol{K}}_q] = -\varepsilon_{pqr}\underset{\sim}{\boldsymbol{J}}_r\,, \quad [\underset{\sim}{\boldsymbol{J}}_p, \underset{\sim}{\boldsymbol{K}}_q] = \varepsilon_{pqr}\underset{\sim}{\boldsymbol{K}}_r\,.$$

Damit ergibt sich

$$[\underset{\sim}{\boldsymbol{A}}_p, \underset{\sim}{\boldsymbol{A}}_q] = \varepsilon_{pqr}\underset{\sim}{\boldsymbol{A}}_r\,, \quad [\underset{\sim}{\boldsymbol{B}}_p, \underset{\sim}{\boldsymbol{B}}_q] = -\varepsilon_{pqr}\underset{\sim}{\boldsymbol{B}}_r\,, \quad [\underset{\sim}{\boldsymbol{A}}_p, \underset{\sim}{\boldsymbol{B}}_q] = 0\,.$$

AUFGABE

4.8 Wie verhalten sich die $\underset{\sim}{\boldsymbol{J}}_i$, wie die $\underset{\sim}{\boldsymbol{K}}_j$ unter Raumspiegelung, d. h. was ergibt $\underset{\sim}{\boldsymbol{P}}\underset{\sim}{\boldsymbol{J}}_i\underset{\sim}{\boldsymbol{P}}^{-1}$, $\underset{\sim}{\boldsymbol{P}}\underset{\sim}{\boldsymbol{K}}_j\underset{\sim}{\boldsymbol{P}}^{-1}$?

Lösung: Explizite Rechnung ergibt

$$\underset{\sim}{\boldsymbol{P}}\underset{\sim}{\boldsymbol{J}}_i\underset{\sim}{\boldsymbol{P}}^{-1} = \underset{\sim}{\boldsymbol{J}}_i\,, \quad \underset{\sim}{\boldsymbol{P}}\underset{\sim}{\boldsymbol{K}}_j\underset{\sim}{\boldsymbol{P}}^{-1} = -\underset{\sim}{\boldsymbol{K}}_j\,.$$

Dies entspricht der Tatsache, daß eine Raumspiegelung den Drehsinn nicht ändert, die Bewegungsrichtung aber umkehrt.

AUFGABE

4.9 In der Quantenphysik verwendet man anstelle von $\underset{\sim}{\boldsymbol{J}}_i$, $\underset{\sim}{\boldsymbol{K}}_i$ oft die Matrizen

$$\hat{\underset{\sim}{\boldsymbol{J}}}_i := i\underset{\sim}{\boldsymbol{J}}_i\,, \quad \hat{\underset{\sim}{\boldsymbol{K}}}_j := -i\underset{\sim}{\boldsymbol{K}}_j\,.$$

Wie lauten die Kommutatoren (M4.59) für diese Matrizen? Man zeige, daß die Matrizen $\hat{\underset{\sim}{\boldsymbol{J}}}_i$ hermitesch sind, d. h. $(\hat{\underset{\sim}{\boldsymbol{J}}}_i^T)^* = \hat{\underset{\sim}{\boldsymbol{J}}}_i$.

Lösung: Die Kommutatoren (M4.59) lauten dann

$$\begin{aligned}
[\hat{\underset{\sim}{\boldsymbol{J}}}_i, \hat{\underset{\sim}{\boldsymbol{J}}}_j] &= i\varepsilon_{ijk}\hat{\underset{\sim}{\boldsymbol{J}}}_k\,,\\
[\hat{\underset{\sim}{\boldsymbol{J}}}_i, \hat{\underset{\sim}{\boldsymbol{K}}}_j] &= i\varepsilon_{ijk}\hat{\underset{\sim}{\boldsymbol{K}}}_k\,,\\
[\hat{\underset{\sim}{\boldsymbol{K}}}_i, \hat{\underset{\sim}{\boldsymbol{K}}}_j] &= -i\varepsilon_{ijk}\hat{\underset{\sim}{\boldsymbol{J}}}_k\,.
\end{aligned}$$

Da die Matrizen $\underset{\sim}{\boldsymbol{J}}_i$ und $\underset{\sim}{\boldsymbol{K}}_j$ reell und schiefsymmetrisch sind, ist z. B.

$$(\hat{\underset{\sim}{\boldsymbol{J}}}_i^T)^* = -(i\underset{\sim}{\boldsymbol{J}}_i)^* = i\underset{\sim}{\boldsymbol{J}}_i = \hat{\underset{\sim}{\boldsymbol{J}}}\,.$$

AUFGABE

4.10 Myonen zerfallen in ein Elektron und zwei (masselose) Neutrinos, $\mu^- \to e^- + \nu_1 + \nu_2$. Das Myon ruhe vor dem Zerfall. Man zeige, daß das Elektron den maximalen Impuls p hat, wenn die beiden Neutrinos parallel zueinander emittiert werden. Berechne Maximal- und Minimalwert der Energie des Elektrons als Funktion von m_μ und m_e.

Antwort:

$$E_{\text{max}} = \frac{m_\mu^2 + m_e^2}{2m_\mu} c^2 , \quad E_{\text{min}} = m_e c^2 .$$

Man zeichne die zugehörigen Impulse in beiden Fällen.

Lösung: Diese Aufgabe ist der Spezialfall der folgenden Aufgabe mit $m_2 = 0 = m_3$.

AUFGABE

4.11 Ein Teilchen der Masse M zerfalle in drei Teilchen (1), (2), (3) mit den Massen m_1, m_2, m_3. Es soll die Maximalenergie von Teilchen (1) im Ruhesystem des zerfallenden Teilchens bestimmt werden. Dazu setzt man

$$\boldsymbol{p}_1 = -f(x)\hat{\boldsymbol{n}} , \quad \boldsymbol{p}_2 = x f(x)\hat{\boldsymbol{n}} , \quad \boldsymbol{p}_3 = (1-x) f(x)\hat{\boldsymbol{n}} ,$$

wo $\hat{\boldsymbol{n}}$ ein Einheitsvektor und x eine Zahl zwischen 0 und 1 ist, und bestimmt das Maximum der Funktion $f(x)$ aus dem Erhaltungssatz der Energie.

Anwendungsbeispiele:

i) $\mu \to e + \nu_1 + \nu_2$ (Aufgabe 4.10),

ii) Neutronzerfall: $n \to p + e + \nu$.

Wie groß ist die Maximalenergie des Elektrons, wenn $m_n - m_p = 2{,}53 m_e$, $m_p = 1836 m_e$ ist? Welchen Wert hat $\beta = |\boldsymbol{v}|/c$ für das Elektron?

Lösung: Der Energiesatz fordert (wenn wir wieder $c = 1$ setzen)

$$\begin{aligned} M &= E_1 + E_2 + E_3 \\ &= \sqrt{m_1^2 + f^2} + \sqrt{m_2^2 + x^2 f^2} + \sqrt{m_3^2 + (1-x)^2 f^2} \equiv M(x, f(x)) . \end{aligned}$$

Das Maximum von $f(x)$ findet man aus der Gleichung

$$0 \stackrel{!}{=} \frac{df}{dx} = -\frac{\partial M/\partial x}{\partial M/\partial f} = -fE_1 \frac{xE_3 - (1-x)E_2}{E_2E_3 + x^2E_1E_3 + (1-x)^2E_1E_2},$$

oder $xE_3 = (1-x)E_2$. Quadriert man diese Gleichung, so folgt $x^2(m_3^2 + (1-x)^2f^2) = (1-x)^2(m_2^2 + x^2f^2)$, und hieraus die Bedingung

$$x \stackrel{!}{=} \frac{m_2}{m_2 + m_3}.$$

Beachtet man die Bedingung

$$E_3 = \frac{1-x}{x}E_2 = \frac{m_3}{m_2}E_2, \quad \text{so folgt} \quad M - E_1 = \frac{m_2 + m_3}{m_2}E_2.$$

Das Quadrat hiervon gibt

$$M^2 - 2ME_1 + m_1^2 + f^2 = \frac{(m_2 + m_3)^2}{m_2^2}\left(m_2^2 + \frac{m_2^2}{(m_2 + m_3)^2}f^2\right)$$

und hieraus

$$(E_1)_{\max} = \frac{1}{2M}\left(M^2 + m_1^2 - (m_2 + m_3)^2\right).$$

Setzt man c wieder ein, so ist

$$(E_1)_{\max} = \frac{1}{2M}\left(M^2 + m_1^2 - (m_2 + m_3)^2\right)c^2.$$

Beispiele:

i) $\mu \to \mathrm{e} + \nu_1 + \nu_2$: $m_2 = m_3 = 0$, $M = m_\mu$, $m_1 = m_\mathrm{e}$. Somit

$$(E_\mathrm{e})_{\max} = \frac{1}{2m_\mu}(m_\mu^2 + m_\mathrm{e}^2)c^2.$$

Mit $m_\mu/m_\mathrm{e} \approx 206{,}8$ ergibt sich $(E_\mathrm{e})_{\max} \approx 104{,}4 m_\mathrm{e}c^2$.

ii) $\mathrm{n} \to \mathrm{p} + \mathrm{e} + \nu$: $M = m_\mathrm{n}$, $m_1 = m_\mathrm{e}$, $m_2 = m_\mathrm{p}$, $m_3 = 0$. Somit ist

$$(E_\mathrm{e})_{\max} = \frac{1}{2m_\mathrm{n}}(m_\mathrm{n}^2 + m_\mathrm{e}^2 - m_\mathrm{p}^2)c^2 = \frac{1}{2m_\mathrm{n}}\left((2m_\mathrm{n} - \Delta)\Delta + m_\mathrm{e}^2)c^2\right),$$

wo $\Delta := m_\mathrm{n} - m_\mathrm{p}$. Mit den angegebenen Werten folgt $(E_e)_{\max} \approx 2{,}528 m_\mathrm{e}c^2$. Es ist also $\gamma_{\max} = 2{,}528$ und somit $\beta_{\max} = \sqrt{\gamma_{\max}^2 - 1}/\gamma_{\max} = 0{,}918$. Bei der Maximalenergie ist das Elektron hochrelativistisch.

AUFGABE

4.12 π-mesonen π^+ und π^- haben eine mittlere Lebensdauer von $\tau \approx 2{,}6 \times 10^{-8}$s, bevor sie in ein Myon und ein Neutrino zerfallen. Welche Strecke durchfliegen sie im Mittel, wenn sie mit dem Impuls $p_\pi = x \cdot m_\pi c$ fliegen für $x = 1$, $x = 10$, $x = 1000$? ($m_\pi \approx 140\mathrm{MeV}/c^2 = 2{,}50 \times 10^{-25}$g).

Lösung: Die scheinbare Lebensdauer im Laborsystem $\tau^{(v)}$ hängt mit der wirklichen Lebensdauer $\tau^{(0)}$ über $\tau^{(v)} = \gamma\tau^{(0)}$ zusammen. In dieser Zeit fliegt das Teilchen im Mittel die Strecke

$$L = v\tau^{(v)} = \beta\gamma\tau^{(0)}c\,.$$

Nun ist aber $\beta\gamma$ gerade $|\boldsymbol{p}|c/mc^2$, vgl. Gl. (M4.83), so daß mit $|\boldsymbol{p}| = xmc$ der Zusammenhang

$$L = x\tau^{(0)}c$$

folgt. Beispiel: Für π-Mesonen ist $\tau_\pi^{(0)}c \approx 780\,\text{cm}$.

AUFGABE

4.13 Das freie Neutron ist instabil, seine mittlere Lebensdauer ist $\tau = 900\text{s}$. Wie weit fliegt ein Neutron im Mittel, wenn seine Energie $E = 10^{-2}m_\text{n}c^2$ bzw. $E = 10^{14}m_\text{n}c^2$ ist?

Lösung: Mit den Ergebnissen der vorhergehenden Aufgabe erhalten wir $\tau_\text{n}^{(0)}c \approx 2{,}7 \times 10^{13}\,\text{cm}$. Für $E = 10^{-2}m_\text{n}c^2$ ist $x = \sqrt{\gamma^2 - 1} = 0{,}142$, für $E = 10^{14}m_\text{n}c^2$ ist $x \approx 10^{14}$.

AUFGABE

4.14 Man zeige: Ein freies Elektron kann nicht ein einzelnes Photon abstrahlen, d. h. der Prozeß

$$\text{e} \to \text{e} + \gamma$$

kann nicht stattfinden, wenn Energie und Impuls erhalten sind.

Lösung: Sei p_1 der Energie-Impulsvektor des einlaufenden, p_2 der des auslaufenden Elektrons, k der des Photons. Energie-Impulserhaltung bei der Reaktion $\text{e} \to \text{e} + \gamma$ bedeutet $p_1 = p_2 + k$. Quadrieren wir dieses und benutzen die Beziehungen

$$p_1^2 = m_e c^2 = p_2^2\,, \quad k^2 = 0\,,$$

so ergibt sich $p_2 \cdot k = 0$. Da k ein lichtartiger Vierervektor ist, kann diese Gleichung nur dann erfüllt sein, wenn p_2 auch lichtartig ist, d. h. $p_2^2 \stackrel{!}{=} 0$. Dies ist ein Widerspruch. Also ist diese Reaktion nicht möglich.

AUFGABE

4.15 Man zeige, daß Bruchstücke einer explodierenden Masse mit Überlichtgeschwindigkeit auseinanderzufliegen scheinen, falls sie hinreichend große Geschwindigkeitskomponenten in Richtung auf den Beobachter aufweisen [14].

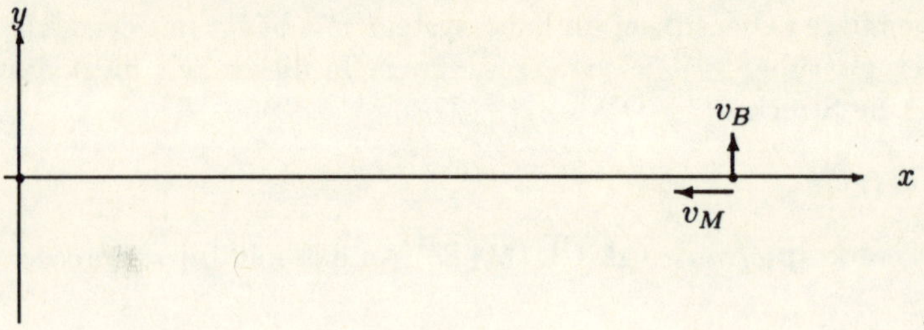

Abb. 4.6

Lösung: Wir beschränken uns der Einfachheit halber auf zwei Raumdimensionen und setzen $c = 1$. Der Beobachter ruhe im Nullpunkt unseres Koordinatensystems $\mathbf{K}$. Die Masse ruhe vor der Explosion im Punkt $(x_0, 0)$ des Koordinatensystems $\mathbf{K}'$, das sich relativ zu $\mathbf{K}$ mit der Geschwindigkeit v_M in x-Richtung auf den Beobachter zu bewegt. Zum Zeitpunkt der Explosion ($t = 0$) mögen die Nullpunkte der beiden Koordinatensysteme zusammenfallen.

Wir betrachten ein Bruchstück, das in $\mathbf{K}'$ mit der Geschwindigkeit v_B in positiver y-Richtung vom Explosionsort wegfliegt. Im System $\mathbf{K}$ hat es dann die Geschwindigkeit $(-v_M, v_B)$, d.h. zum Zeitpunkt t befindet es sich am Punkt $(R - v_M t, v_B t)$. Der Beobachter sieht es aber erst später, nämlich nachdem das Licht den Abstand

$$R' = \sqrt{(R - v_M t)^2 + v_B^2 t^2}$$

zum Beobachter zurückgelegt hat. Der Beobachter sieht das Bruchstück also zum Zeitpunkt $t' = t + R'$ unter dem Winkel

$$\varphi = \arctan \frac{v_B t}{R - v_M t} .$$

Die Änderung dieses Winkel mit der Zeit ist dann

$$\frac{d\varphi}{d(t')} = \frac{d\varphi}{dt} \Big/ \frac{d(t')}{dt} = \frac{v_B R}{R'^2} \left(1 + \frac{dR'}{dt}\right)^{-1} .$$

Die scheinbare Geschwindigkeit v_s in y-Richtung ist die Änderung des Winkels mal seiner Entfernung R', also

$$v_s = v_B \frac{R}{R'} \left(1 + \frac{dR'}{dt}\right)^{-1} .$$

Nun ist zum Zeitpunkt $t = 0$ $R' = R$, danach nimmt R' zunächst ab ($dR'/dt < 0$), um dann wieder anzuwachsen. Daraus folgt, daß v_s anfangs größer als 1 ist, vorausgesetzt, v_M ist genügend groß.

5. Geometrische Aspekte der Mechanik

AUFGABE

5.1 Es seien $\overset{k}{\omega}$ eine äußere k-Form, $\overset{l}{\omega}$ eine äußere l-Form. Man zeige, daß ihr äußeres Produkt symmetrisch ist, wenn k und/oder l gerade sind, sonst aber antisymmetrisch ist, d. h.

$$\overset{k}{\omega} \wedge \overset{l}{\omega} = (-)^{k \cdot l} \overset{l}{\omega} \wedge \overset{k}{\omega} .$$

Lösung: Wir verwenden die Zerlegung (M5.52) für $\overset{k}{\omega}$ und $\overset{l}{\omega}$,

$$\overset{k}{\omega} \wedge \overset{l}{\omega} = \sum_{i_1 < \cdots < i_k} \omega_{i_1 \ldots i_k} \sum_{j_1 < \cdots < j_l} \omega_{j_1 \ldots j_l} dx^{i_1} \wedge \ldots \wedge dx^{i_k} \wedge dx^{j_1} \wedge \ldots \wedge dx^{j_l} .$$

Hieraus erhält man die analoge Zerlegung für $\overset{l}{\omega} \wedge \overset{k}{\omega}$, indem man erst dx^{j_1}, dann dx^{j_2}, usw. am äußeren Produkt $dx^{i_1} \wedge \ldots \wedge dx^{i_k}$ vorbeizieht. Das gibt jedesmal einen Faktor $(-)^k$, insgesamt also $(-)^{k \cdot l}$.

AUFGABE

5.2 Im Euklidischen Raum $\mathbb{R}^3$ seien x_1, x_2, x_3 lokale Koordinaten eines Orthogonalsystems und $ds^2 = E_1 dx_1^2 + E_2 dx_2^2 + E_3 dx_3^2$ das Quadrat des Linienelements, $\hat{\boldsymbol{e}}_1$, $\hat{\boldsymbol{e}}_2$ und $\hat{\boldsymbol{e}}_3$ seien die Einheitsvektoren in Richtung der Koordinatenachsen. Was ist der Wert von $dx_i(\hat{\boldsymbol{e}}_j)$, d. h. der Form dx_i auf den Einheitsvektor $\hat{\boldsymbol{e}}_j$ angewandt?

Lösung: Man berechnet

$$ds^2(\hat{\boldsymbol{e}}_i, \hat{\boldsymbol{e}}_j) = \sum_{i=1}^{3} E_k dx^k(\hat{\boldsymbol{e}}_i) dx^k(\hat{\boldsymbol{e}}_j) = \sum_{i=1}^{3} E_k a^k{}_i a^k{}_j ,$$

wo $a^k{}_i := dx^k(\hat{\boldsymbol{e}}_i)$ gesetzt ist. Da $ds^2(\hat{\boldsymbol{e}}_i, \hat{\boldsymbol{e}}_j) = \delta_{ij}$, muß $a^k{}_i = b^k{}_i / \sqrt{E_k}$ sein, wo $\{b^k{}_i\}$ eine orthogonale Matrix ist. Diese muß aber diagonal sein, weil die Koordinatenachsen orthogonal gewählt sind. Es folgt $dx^k(\hat{\boldsymbol{e}}_i) = \delta^k{}_i / \sqrt{E_k}$.

AUFGABE

5.3 Es sei $\boldsymbol{a} = \sum_{i=1}^{3} a_i(x) \hat{\boldsymbol{e}}_i$ ein Vektor*feld*, die $a_i(x)$ seien glatte Funktionen auf M. Jedem solchen Vektorfeld entsprechen eine differentielle 1-Form $\overset{1}{\omega}_{\boldsymbol{a}}$ und eine differentielle 2-Form $\overset{2}{\omega}_{\boldsymbol{a}}$, für die gilt

$$\overset{1}{\omega}_{\boldsymbol{a}}(\boldsymbol{\xi}) = (\boldsymbol{a}\cdot\boldsymbol{\xi})\,, \quad \overset{2}{\omega}_{\boldsymbol{a}}(\boldsymbol{\xi},\boldsymbol{\eta}) = (\boldsymbol{a}\cdot(\boldsymbol{\xi}\wedge\boldsymbol{\eta}))\,.$$

Man zeige, daß

$$\begin{aligned}\overset{1}{\omega}_{\boldsymbol{a}} &= \sum_{i=1}^{3} a_i(x)\sqrt{E_i}dx_i\\ \overset{2}{\omega}_{\boldsymbol{a}} &= a_1(x)\sqrt{E_2E_3}dx_2\wedge dx_3 + \text{zykl.}\end{aligned}$$

Lösung: Es sei

$$\overset{1}{\omega}_{\boldsymbol{a}} = \sum_{i=1}^{3}\omega_i(x)dx^i\,, \quad \overset{2}{\omega}_{\boldsymbol{a}} = b_1(x)dx^2\wedge dx^3 + \text{zykl. Perm.}\,,$$

die Koeffizienten $\omega_i(x)$ und $b_i(x)$ sollen bestimmt werden.

a) Wir berechnen

$$\overset{1}{\omega}_{\boldsymbol{a}}(\boldsymbol{\xi}) = \sum_i \omega_i(x)dx^i(\boldsymbol{\xi}) = \sum_i \omega_i(x)dx^i\left(\sum_k \xi^k\hat{e}_k\right) = \sum_i \omega_i(x)\xi^i\frac{1}{\sqrt{E_i}}\,.$$

Da andererseits

$$\overset{1}{\omega}_{\boldsymbol{a}}(\boldsymbol{\xi}) = \boldsymbol{a}\cdot\boldsymbol{\xi} = \sum_i a_i(x)\xi^i$$

ist, folgt

$$\omega_i(x) = a_i(x)\sqrt{E_i}\,.$$

b) Wir berechnen

$$\begin{aligned}\overset{2}{\omega}_{\boldsymbol{a}}(\boldsymbol{\xi},\boldsymbol{\eta}) &= b_1(x)\left(dx^2(\boldsymbol{\xi})dx^3(\boldsymbol{\eta}) - dx^2(\boldsymbol{\eta})dx^3(\boldsymbol{\xi})\right) + \text{zykl.}\\ &= b_1(x)(\xi^2\eta^3 - \eta^2\xi^3)/\sqrt{E_2E_3} + \text{zykl.}\end{aligned}$$

Vergleicht man dies mit dem Skalarprodukt von $\boldsymbol{a}$ und $\boldsymbol{\xi}\times\boldsymbol{\eta}$, so folgt

$$b_1(x) = \sqrt{E_2E_3}a_1(x) \quad \text{zyklisch.}$$

AUFGABE

5.4 Unter Verwendung von Aufgabe 5.3 bestimme man die Komponenten von ∇f in der Basis $\{\hat{e}_1, \hat{e}_2, \hat{e}_3\}$.
Antwort:

$$\nabla f = \sum_{i=1}^{3}\frac{1}{\sqrt{E_i}}\frac{\partial f}{\partial x^i}\hat{e}_i\,.$$

Lösung: Die Komponenten von ∇f in der betrachteten Orthogonalbasis seien mit $(\nabla f)_i$ bezeichnet. Nach Aufgabe 5.3 ist dann

$$\overset{1}{\omega}_{\nabla f} = \sum_i (\nabla f)_i \sqrt{E_i} dx^i \,.$$

Ist $\hat{\boldsymbol{\xi}} = \sum_i \xi^i \hat{\boldsymbol{e}}_i$ ein Einheitsvektor, so ist $\overset{1}{\omega}_{\nabla f}(\hat{\boldsymbol{\xi}}) = \sum_i (\nabla f)_i \xi^i$ die Richtungsableitung von f in Richtung $\hat{\boldsymbol{\xi}}$. Die kann man aber auch mit Hilfe des totalen Differentials

$$df = \sum_i \frac{\partial f}{\partial x^i} dx^i \quad \text{berechnen,}$$

$$df(\hat{\boldsymbol{\xi}}) = \sum_{i,k} \frac{\partial f}{\partial x^i} \xi^k dx^i(\hat{\boldsymbol{e}}_k) = \sum_i \frac{1}{\sqrt{E_i}} \frac{\partial f}{\partial x^i} \xi^i \,.$$

Durch Vergleich folgt

$$(\nabla f)_i = \frac{1}{\sqrt{E_i}} \,.$$

AUFGABE

5.5 Man bestimme die Funktionen E_i für kartesische Koordinaten, Zylinderkoordinaten und Polarkoordinaten und gebe jeweils die Komponenten von ∇f an.

Lösung: In *kartesischen* Koordinaten ist $E_1 = E_2 = E_3$.
In *Zylinderkoordinaten* $(\hat{\boldsymbol{e}}_\rho, \hat{\boldsymbol{e}}_\phi, \hat{\boldsymbol{e}}_z)$ gilt $ds^2 = d\rho^2 + \rho^2 d\phi^2 + dz^2$, d. h. $E_1 = E_3 = 1$, $E_2 = \rho^2$, und somit

$$\nabla f = \left(\frac{\partial f}{\partial \rho}, \frac{1}{\rho}\frac{\partial f}{\partial \phi}, \frac{\partial f}{\partial z} \right) \,.$$

In *Kugelkoordinaten* $(\hat{\boldsymbol{e}}_r, \hat{\boldsymbol{e}}_\theta, \hat{\boldsymbol{e}}_\phi)$ gilt $ds^2 = dr^2 + r^2 d\theta^2 + r^2 \sin^2\theta d\phi^2$, d. h. $E_1 = 1$, $E_2 = r^2$, $E_3 = r^2 \sin^2\theta$ und

$$\nabla f = \left(\frac{\partial f}{\partial r}, \frac{1}{r}\frac{\partial f}{\partial \theta}, \frac{1}{r \sin\theta}\frac{\partial f}{\partial \phi} \right) \,.$$

AUFGABE

5.6 Einer Kraft $\boldsymbol{F} = (F_1, F_2)$ in der Ebene sei die Einsform $\omega = F_1 dx^1 + F_2 dx^2$ zugeordnet. Wendet man ω auf einen Verschiebungsvektor $\boldsymbol{\xi}$ an, so ist $\omega(\boldsymbol{\xi})$ die geleistete Arbeit. Was ist die zu ω duale Form $*\omega$ und was bedeutet sie in diesem Zusammenhang?

Lösung: Die definierende Gleichung (M5.58) kann man auch in der Form

$$(*\omega)(\hat{e}_{i_{k+1}}, \ldots, \hat{e}_{i_n}) = \varepsilon_{i_1 \ldots i_k i_{k+1} \ldots i_n} \omega(\hat{e}_{i_1}, \ldots, \hat{e}_{i_k})$$

schreiben. Dabei ist $\varepsilon_{i_1 \ldots i_n}$ das vollständig antisymmetrische Levi-Civitá-Symbol: Es ist gleich $+1\,(-1)$, wenn $(i_1 \ldots i_n)$ eine gerade (ungerade) Permutation von $(1, \ldots, n)$ ist, und ist immer gleich Null, wenn zwei Indizes gleich sind. Damit folgt für $n = 2$, $*dx^1 = dx^2$, $*dx^2 = -dx^1$, und somit $*\omega = F_1 dx^2 - F_2 dx^1$. Es ist $\omega(\boldsymbol{\xi}) = \boldsymbol{F} \cdot \boldsymbol{\xi}$, $*\omega(\boldsymbol{\xi}) = \boldsymbol{F} \times \boldsymbol{\xi}$. Ist $\boldsymbol{\xi}$ ein Verschiebungsvektor $\boldsymbol{\xi} = \boldsymbol{r}_A - \boldsymbol{r}_B$, $\boldsymbol{F}$ eine konstante Kraft, so ist $\omega(\boldsymbol{\xi})$ die bei Verschiebung von A nach B geleistete Arbeit, $*\omega(\boldsymbol{\xi})$ die Änderung des äußeren Drehmomentes.

AUFGABE

5.7 Der Hodgesche Sternoperator $*$ ordnet jeder k-Form ω die $(n-k)$-Form $*\omega$ zu. Man zeige

$$*(*\omega) = (-)^{k \cdot (n-k)} \omega \,.$$

Lösung: Für jede Basis-k-Form $dx^{i_1} \wedge \cdots \wedge dx^{i_k}$ mit $i_1 < \cdots < i_k$ gilt

$$*\left(dx^{i_1} \wedge \cdots \wedge dx^{i_k}\right) = \varepsilon_{i_1 \ldots i_k i_{k+1} \ldots i_n} dx^{i_{k+1}} \wedge \cdots \wedge dx^{i_n} \,.$$

Dabei sollen die Indizes auf der rechten Seite ebenfalls aufsteigend geordnet sein, $i_{k+1} < \cdots < i_n$. Die hierzu duale Form ist wieder eine k-Form und ist gleich

$$**\left(dx^{i_1} \wedge \cdots \wedge dx^{i_k}\right) = \varepsilon_{i_1 \ldots i_k i_{k+1} \ldots i_n} \varepsilon_{i_{k+1} \ldots i_n j_1 \ldots j_k} dx^{j_1} \wedge \cdots \wedge dx^{j_k} \,.$$

Es müssen alle Indizes $i_1 \ldots i_n$ verschieden sein, daher kann $(j_1 \ldots j_k)$ nur eine Permutation von $(i_1 \ldots i_k)$ sein. Ordnen wir wieder $j_1 < \cdots < j_k$, so muß $j_1 = i_1, \ldots, j_k = i_k$ sein. Man vertauscht nun am zweiten ε-Symbol die Gruppe $(i_1 \ldots i_k)$ mit der Gruppe $(i_{k+1} \ldots i_n)$ von Indizes. Das sind für den Index i_1 genau $(n-k)$ Vertauschungen von Nachbarn, ebenso für i_2 bis i_k. Das gibt jedesmal ein Vorzeichen $(-)^{n-k}$ und dies insgesamt k-mal. Da $(\varepsilon_{i_1 \ldots i_n})^2 = 1$ für paarweise verschiedene Indizes), folgt:

$$**\left(dx^{i_1} \wedge \cdots \wedge dx^{i_k}\right) = (-)^{k(n-k)} dx^{i_1} \wedge \cdots \wedge dx^{i_k} \,.$$

AUFGABE

5.8 Es seien $\boldsymbol{E} = (E_1, E_2, E_3)$ und $\boldsymbol{B} = (B_1, B_2, B_3)$ elektrische und magnetische Felder, die im allgemeinen von $\boldsymbol{x}$ und t abhängen. Es werden ihnen die äußeren Formen

$$\phi := \sum_{i=1}^{3} E_i dx^i \,,$$
$$\omega := B_1 dx^2 \wedge dx^3 + B_2 dx^3 \wedge dx^1 + B_3 dx^1 \wedge dx^2$$

zugeordnet. Man schreibe die homogene Maxwellgleichung $\operatorname{rot} \boldsymbol{E} + \dot{\boldsymbol{B}}/c = 0$ als Gleichung zwischen den Formen ϕ und ω.

Lösung: Man berechnet die äußere Ableitung von ϕ gemäß der Regel (A3) auf S. 206 von [12],

$$d\phi = \left(-\frac{\partial E_1}{\partial x^2} + \frac{\partial E_2}{\partial x^1}\right) dx^1 \wedge dx^2 + \text{zykl. Perm.} = (\operatorname{rot} \boldsymbol{E})_3 dx^1 \wedge dx^2 + \dots$$

und erhält somit $d\phi + \dot{\omega}/c = 0$.

AUFGABE

5.9 Wenn d die äußere Ableitung und $*$ den Hodgeschen Sternoperator bedeuten, so sei das sogenannte *Kodifferential* wie folgt definiert,

$$\delta := *d* \, .$$

Bezeichnet $\circ$ die Komposition von Funktionen, so zeige man, daß $\Delta := d\circ\delta + \delta\circ d$, auf Funktionen angewandt, der Laplaceoperator

$$\Delta = \sum_{i=1}^{3} \frac{\partial^2}{\partial x^{i2}}$$

ist.

Lösung: Für glatte Funktionen f ist $df = \sum(\partial f)/(\partial x^i) dx^i$, somit $*df = (\partial f)/(\partial x^1) dx^2 \wedge dx^3 + \text{zykl. Perm.}$, $d(*df) = (\partial^2 f)/((\partial x^1)^2) dx^1 \wedge dx^2 \wedge dx^3 +$ zykl. Perm. und $*d(*df) = \sum_{i=1}^3 (\partial^2 f)/((\partial x^1)^2)$. Andererseits ist $*f = f dx^1 \wedge dx^2 \wedge dx^3$ und $d(*f) = 0$.

AUFGABE

5.10 Es seien

$$\overset{k}{\omega} = \sum_{i_1 < \dots < i_k} \omega_{i_1 \dots i_k}(\boldsymbol{x}) dx^{i_1} \wedge \dots \wedge d^{i_k}$$

und $\overset{l}{\omega}$ (analog gebildet) äußere Formen über einem Vektorraum W. Weiter sei $F \colon V \to W$ eine glatte Abbildung des Vektorraums V auf W. Man zeige, daß die Zurückziehung des äußeren Produkts $F^*(\overset{k}{\omega} \wedge \overset{l}{\omega})$ gleich dem äußeren Produkt der einzeln zurückgezogenen Formen $(F^*\overset{k}{\omega}) \wedge (F^*\overset{l}{\omega})$ ist.

Lösung: Wenn $\overset{k}{\omega}$ eine k-Form ist und auf k Vektoren $\hat{\boldsymbol{e}}_1, \dots, \hat{\boldsymbol{e}}_k$ angewandt wird, so ist $F^*\overset{k}{\omega}(\hat{\boldsymbol{e}}_1, \dots, \hat{\boldsymbol{e}}_k) = \overset{k}{\omega}(F(\hat{\boldsymbol{e}}_1), \dots, F(\hat{\boldsymbol{e}}_k))$ kraft Definition der Zurückziehung (Spezialfall von (M5.41), S. M201, für Vektorräume). Dann ist

$$F^*(\overset{k}{\omega} \wedge \overset{l}{\omega})(\hat{\boldsymbol{e}}_1, \dots, \hat{\boldsymbol{e}}_{k+l})) = (\overset{k}{\omega} \wedge \overset{l}{\omega})(F(\hat{\boldsymbol{e}}_1), \dots, F(\hat{\boldsymbol{e}}_{k+l}))\, ,$$

was wiederum gleich $(F^*\overset{k}{\omega}) \wedge (F^*\overset{l}{\omega})$ ist.

AUFGABE

5.11 Unter denselben Voraussetzungen wie in Aufgabe 5.10 zeige man, daß die äußere Ableitung und die Zurückziehung vertauschen,

$$d(F^*\omega) = F^*(d\omega) .$$

Lösung: Analog zur vorhergehenden Aufgabe.

AUFGABE

5.12 Seien x und y kartesische Koordinaten im $\mathbb{R}^2$, seien $V := y\partial_x$ und $W := x\partial_y$ zwei Vektorfelder auf $\mathbb{R}^2$. Man berechne die Lieklammer $[V, W]$. Man skizziere die Vektorfelder V, W und $[V, W]$ entlang von Kreisen um den Ursprung.

Lösung: Mit $V := y\partial_x$ und $W := x\partial_y$ ist $Z := [V, W] = (y\partial_x)(x\partial_y) - (x\partial_y)(y\partial_x) = y\partial_y - x\partial_x$.

AUFGABE

5.13 Man bestätige die folgenden Aussagen:

i) Die Menge aller Tangentialvektoren an die glatte Mannigfaltigkeit M im Punkt $p \in M$ bildet einen reellen Vektorraum mit Dimension $n = \dim M$, der mit T_pM bezeichnet wird.
ii) Falls M der $\mathbb{R}^n$ ist, so ist T_pM isomorph zu $\mathbb{R}^n$.

Lösung: Es seien v_1 und v_2 Elemente aus T_pM. Sind Addition von Vektoren und Multiplikation von reellen Zahlen wie in (M5.20) definiert, so ist klar, daß $v_3 := v_1 + v_2$ und av_i mit $a \in \mathbb{R}$ ebenfalls zu T_pM gehören. Die Dimension von T_pM ist $n = \dim M$. T_pM ist ein Vektorraum; falls $M = \mathbb{R}^n$, so ist T_pM isomorph zu M.

AUFGABE

5.14 Die kanonische Zweiform für ein System mit zwei Freiheitsgraden lautet $\omega = \sum_{i=1}^2 dq^i \wedge dp_i$. Man berechne $\omega \wedge \omega$ und überlege sich, daß $\omega \wedge \omega$ proportional zum orientierten Volumenelement im Phasenraum ist.

Lösung: Es ist $\omega \wedge \omega = \sum_{i=1}^2 \sum_{j=1}^2 dq^i \wedge dp_i \wedge dq^j \wedge dp_j = -2dq^1 \wedge dq^2 \wedge dp_1 \wedge dp_2$, da man dp_i und dq^j vertauscht hat und i von j verschieden wählen muß. Die Terme $(i = 1, j = 2)$ und $i = 2, j = 1$ sind gleich.

AUFGABE

5.15 Es seien $H^{(1)} = (p^2/2) + 1 - \cos q$ und $H^{(2)} = (p^2/2) + q(q^2 - 3)/6$ Hamiltonfunktionen für Systeme mit einem Freiheitsgrad. Man stelle die zugehörigen Hamiltonschen Vektorfelder auf und skizziere diese entlang von einigen Lösungskurven.

Lösung: $H^{(1)} = (p^2/2) + 1 - \cos q$ ist die Hamiltonfunktion des ebenen mathematischen Pendels. Das zugehörige Vektorfeld ist

$$X_H^{(1)} = \frac{\partial H}{\partial p}\partial_q - \frac{\partial H}{\partial q}\partial_p = p\partial_q - \sin q \partial_p .$$

Die Skizze muß die Tangentialvektoren an die Kurven der Abb. M1.10 ergeben. Besonders interessant ist die Nachbarschaft des Punktes $(p = 0, q = \pi)$, der eine instabile Gleichgewichtslage darstellt.

Für $H^{(2)} = \frac{1}{2}p^2 + \frac{1}{6}q(q^2 - 3)$ ist

$$X_H^{(2)} = p\partial_q - \frac{1}{2}(q^2 - 1)\partial_p .$$

Dieses Vektorfeld hat zwei Gleichgewichtslagen, $(p = 0, q = +1)$ und $(p = 0, q = -1)$. Skizziert man $X_H^{(2)}$, so erkennt man, daß $(p = 0, q = +1)$ eine stabile Gleichgewichtslage (Zentrum) ist, $(p = 0, q = -1)$ aber nicht (Sattelpunkt). Linearisiert man in der Nähe von $q = +1$, d. h. setzt $u := q - 1$ und behält nur den in u linearen Term, so ist $X_H^{(2)} \approx p\partial_u - u\partial_p$. Dies ist das Vektorfeld des harmonischen Oszillators bzw. eine Näherung von $X_H^{(1)}$ für kleine Werte von q. In der Nachbarschaft von $(p = 0, q = 1)$ verhält sich das System wie ein harmonischer Oszillator. Linearisiert man dagegen bei $(p = 0, q = -1)$, d. h. setzt man $u := q + 1$, so folgt $X_H^{(2)} \approx p\partial_u + u\partial_p$. Das System verhält sich hier wie das mathematische Pendel ($X_H^{(1)}$ oben) in der Nähe von $(p = 0, q = \pi)$, wo $\sin q = -\sin(q - \pi) \approx -(q - \pi)$ ist (s. auch Aufg. 6.8).

AUFGABE

5.16 Es sei $H = H^0 + H'$ mit $H^0 = (p^2 + q^2)/2$ und $H' = \varepsilon q^3/3$. Man stelle die Hamiltonschen Vektorfelder X_{H^0} und X_H auf und berechne $\omega(X_H, X_{H^0})$.

Lösung: Man findet $X_{H^0} = p\partial_q - q\partial_p$, $X_H = p\partial_q - (q + \varepsilon q^2)\partial_p$, sowie $\omega(X_H, X_{H^0}) = dH(X_{H^0}) = \varepsilon p q^2 = \{H^0, H\}$.

AUFGABE

5.17 Es seien L und L' zwei Lagrangefunktionen auf TQ, für die Φ_L und $\Phi_{L'}$ regulär sind. Die zugehörenden Vektorfelder und kanonischen Zweiformen seien X_E, $X_{E'}$, bzw. ω_L, $\omega_{L'}$. Zu zeigen ist, daß jede der folgenden Aussagen aus der anderen folgt:

i) $L' = L + \alpha$, wo $\alpha: TQ \to \mathbb{R}$ eine geschlossene Einsform ist (d. h. $d\alpha = 0$).

ii) $X_E = X_{E'}$ und $\omega_L = \omega_{L'}$.

Man überzeuge sich, daß man in lokalen Karten wieder die Aussage des Abschn. M2.10 bekommt.

Lösung: Den Beweis findet man z. B. bei [1] in Abschn. 3.5.18.

6. Stabilität und Chaos

AUFGABE

6.1 Man betrachte das zweidimensionale, lineare System $\dot{\boldsymbol{y}} = \underset{\sim}{\boldsymbol{A}}\boldsymbol{y}$, wo $\underset{\sim}{\boldsymbol{A}}$ eine der (reellen) Jordanschen Normalformen hat,

$$\text{(i) } \underset{\sim}{\boldsymbol{A}} = \begin{pmatrix} \lambda_1 & 0 \\ 0 & \lambda_2 \end{pmatrix}; \quad \text{(ii) } \underset{\sim}{\boldsymbol{A}} = \begin{pmatrix} a & b \\ -b & a \end{pmatrix}; \quad \text{(iii) } \underset{\sim}{\boldsymbol{A}} = \begin{pmatrix} \lambda & 0 \\ 1 & \lambda \end{pmatrix}.$$

Man bestimme in allen drei Fällen die charakteristischen Exponenten und den Fluß (M6.13) mit $s = 0$. Das System werde jetzt als Linearisierung eines dynamischen Systems an einer Gleichgewichtslage aufgefaßt. Die Form (i) gibt die Bilder (M6.2a–c). Man zeichne die analogen Bilder für die Form (ii), und zwar für ($a = 0$, $b > 0$) und ($a < 0$, $b > 0$), ebenso für die Form (iii) mit $\lambda < 0$.

Lösung: i) $\underset{\sim}{\boldsymbol{A}}$ ist bereits diagonal. Der Fluß ist $\exp(t\underset{\sim}{\boldsymbol{A}}) = \begin{pmatrix} e^{t\lambda_1} & 0 \\ 0 & e^{t\lambda_2} \end{pmatrix}$.

ii) Die charakteristischen Exponenten (das sind die Eigenwerte von $\underset{\sim}{\boldsymbol{A}}$) sind $\lambda_1 = a + ib$, $\lambda_2 = a - ib$, so daß der Fluß in der diagonalisierten Form folgendermaßen lautet: Mit

$$\underset{\sim}{y} \to \underset{\sim}{u} = \underset{\sim}{\boldsymbol{U}}\underset{\sim}{y}\,, \quad \mathring{\underset{\sim}{\boldsymbol{A}}} = \underset{\sim}{\boldsymbol{U}}\underset{\sim}{\boldsymbol{A}}\underset{\sim}{\boldsymbol{U}}^{-1} = \begin{pmatrix} a+ib & 0 \\ 0 & a-ib \end{pmatrix}, \quad \text{ist}$$

$$\underset{\sim}{u}(t) = \exp(t\mathring{\underset{\sim}{\boldsymbol{A}}})\underset{\sim}{u}(0) = \begin{pmatrix} e^{t(a+ib)} & 0 \\ 0 & e^{t(a-ib)} \end{pmatrix} \underset{\sim}{u}(0)\,.$$

Für $a = 0$, $b > 0$ liegt ein (stabiles) Zentrum vor. Für $a < 0$, $b > 0$ liegt ein (asymptotisch stabiler) Knoten vor.

iii) Die charakteristischen Exponenten sind gleich, $\lambda_1 = \lambda_2 = \lambda$. Für $\lambda < 0$ liegt wieder ein Knoten vor.

AUFGABE

6.2 Es seien α und β Variable auf dem Torus $T^2 = S^1 \times S^1$, die das dynamische System

$$\dot{\alpha} = a/2\pi\,, \quad \dot{\beta} = b/2\pi\,, \quad 0 \le \alpha, \beta \le 1\,,$$

mit a, b als reellen Konstanten bestimmen. Man gebe den Fluß dieses Systems an. Schneidet man den Torus bei ($\alpha = 1$; β) und (α; $\beta = 1$) auf, so entsteht ein Quadrat. Man zeichne die Lösung zur Anfangsbedingung (α_0, β_0) in dieses Quadrat, einmal für rationales Verhältnis b/a, einmal für irrationales Verhältnis.

Lösung: Der Fluß dieses Systems ist

$$\left(\alpha(\tau) = \frac{a}{2\pi}\tau + \alpha_0 \,(\mathrm{mod}\,1), \beta(\tau) = \frac{b}{2\pi}\tau + \beta_0 \,(\mathrm{mod}\,1) \right) .$$

Ist das Verhältnis b/a *rational*, $b/a = m/n$ mit $m, n \in \mathbb{Z}$, so kehrt das System nach der Zeit $\tau = T$ zur Anfangskonfiguration zurück, wo T aus $\alpha_0 + aT/(2\pi) = \alpha_0 \,(\mathrm{mod}\,1)$ und $\beta_0 + bT/(2\pi) = \beta_0 \,(\mathrm{mod}\,1)$ bestimmt ist, nämlich $T = 2\pi n/a = 2\pi m/b$. Wir betrachten das Beispiel $(a = 2/3, b = 1)$ und die Anfangsbedingung $(\alpha_0 = 1/2, \beta_0 = 0)$. Dann ergibt sich Tabelle 6.1

Tab. 6.1

$\rho \equiv \frac{\tau}{2\pi}$	0	$\frac{3}{4}$	1	2	$\frac{9}{4}$	3
α	$\frac{1}{2}$	1	$\frac{1}{6}$	$\frac{5}{6}$	1	$\frac{1}{2}$
β	0	$\frac{3}{4}$	1	1	$\frac{1}{4}$	1

und das Bild der Abb. 6.1, in dem die nacheinander durchlaufenen Bahnstücke numeriert sind.

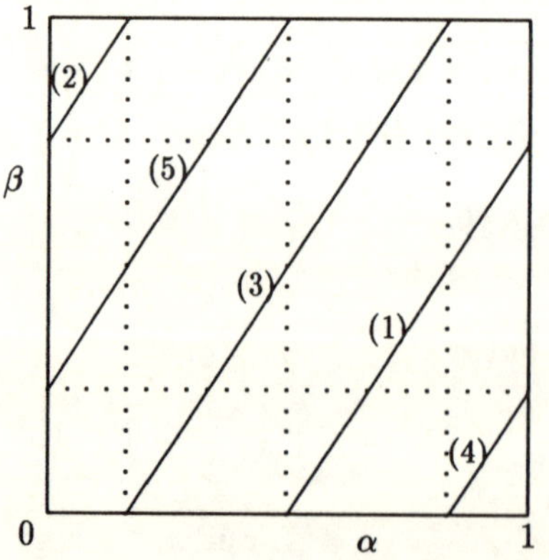

Abb. 6.1

Ist das Verhältnis b/a *irrational*, so überdeckt der Fluß den Torus bzw. das Quadrat dicht. Als Beispiel kann man a zum Wert $a = 1/\sqrt{2} \approx 0{,}7071$ „verstimmen", $b = 1$ beibehalten und den Fluß im Quadrat einzeichnen. Ein konkretes Beispiel ist durch zwei gekoppelte harmonische Oszillatoren gegeben (siehe Aufgaben 1.9 und 2.9). Die Eigenschwingungen genügen den Differentialgleichungen $\ddot{u}_i + \omega^{(i)2} u_i = 0$, $i = 1,2$. Schreibt man diese vermöge der kanonischen Transformation (M2.93) auf Wirkungs- und Winkelvariable I_i bzw. Θ_i um, so entsteht das Gleichungssystem $\dot{I}_i = 0$, $\dot{\Theta}_i = \omega^{(i)}$, $i = 1,2$. Im jetzt vierdimensionalen Phasenraum liegen zweidimensionale Tori, die durch die Vorgabe

$I_i = I_i^0 = \text{const.}$ festgelegt sind. Jeder solche Torus trägt den oben angegebenen Fluß.

AUFGABE

6.3 Man zeige: Für ein Hamiltonsches System mit nur einem Freiheitsgrad (d. h. zweidimensionalem Phasenraum) können benachbarte Trajektorien nicht schneller als höchstens linear in der Zeit auseinanderlaufen. Man betrachte im Beispiel (ii) aus Abschn. M2.30 eine Anfangsbedingung nahe bei $(q = 0, p = 0)$ und eine auf der Kriechbahn.

Lösung: Die Hamiltonfunktion hat die Form $H = p^2/2m + U(q)$. Die verkürzte Hamilton-Jacobigleichung

$$\frac{1}{2m}\left(\frac{\partial S_0(q,\alpha)}{\partial q}\right)^2 + U(q) = E_0$$

läßt sich elementar integrieren: $S_0(q,\alpha) = \int_{q_0}^{q}(2m(E - U(q')))^{(1/2)}dq'$. Es ist $p = m\dot{q} = \partial S_0/\partial q = 2m(E_0 - U(q))$ und hieraus

$$t(q) - t(q_0) = \int\limits_{q_0}^{q} \frac{m}{\sqrt{2m(E_0 - U(q'))}} dq' = \frac{\partial S_0}{\partial E_0} \, .$$

(Dies gilt außerhalb der Gleichgewichtslagen, falls solche existieren.) Wir wählen nun $P \equiv \alpha = E_0$. Dann ist $Q = \partial S_0/\partial E_0 = t - t_0$ bzw. $(\dot{P} = 0, \dot{Q} = 1)$. Wir haben das Hamiltonsche Vektorfeld *rektifiziert*: Das Teilchen läuft im Koordiantensystem (P, Q) auf der Geraden $P = E_0$ mit der Geschwindigkeit $\dot{Q} = 1$. Betrachten wir nun eine benachbarte Energie $E = \beta E_0$ mit β in der Nähe von 1. Wir lassen das Teilchen derart von q_0 bis zu einem Punkt q' laufen, daß die Laufzeit $t(q') - t(q_0)$ dieselbe wie bei E_0 ist. Es ist natürlich $p_0' = \sqrt{2m(E - U(q_0))}$, $p' = \sqrt{2m(E - U(q'))}$ und

$$t - t_0 = \int\limits_{q_0}^{q} \frac{m dx}{\sqrt{2m(E - U(x))}} \, .$$

Als neuen Impuls wählen wir diesmal wieder $P = E_0$ (die Energie der ersten Bahn). Dann ist

$$Q = \frac{\partial S(q,E)}{\partial E_0} = \beta \frac{\partial S(q,E)}{\partial E} = \beta(t - t_0) \, ,$$

d. h. $(\dot{P} = 0, \dot{Q} = \beta)$. In den neuen Koordinaten läuft das Teilchen wieder auf der Geraden $P = E_0$, aber diesmal mit der Geschwindigkeit β. Die Teilchen auf den Vergleichsbahnen entfernen sich linear in der Zeit voneinander. Ist $U(q)$ so beschaffen, daß in einem gewissen Bereich des Phasenraums alle Bahnen periodisch sind, so führt man die Transformation auf Winkel- und Wirkungsvariable aus, $I(E) = \text{const.}$, $\theta = \omega(E)t + \theta_0$. Auch hier sieht man, daß die einzelnen

Lösungen schlimmstenfalls linear auseinanderlaufen. Beim harmonischen Oszillator, bei dem ω von E bzw. I unabhängig ist, bleibt ihr Abstand konstant.

Für das ebene Pendel betrachte man eine Lösung mit sehr kleinem Ausschlag, $(q_1 \approx a \sin\tau, p_1 \approx a\cos\tau)$ mit $a \ll 1$, und die Kriechbahn $(q_2 = 2\arctan\sinh\tau$, $p_2 = 2/\cosh\tau)$ und berechne $\Delta(\tau) := ((q_1 - q_2)^2 + (p_1 - p_2)^2)^{1/2}$ als Funktion der Zeit τ.

AUFGABE

6.4 Man studiere das System

$$\dot{q}_1 = -\mu q_1 - \lambda q_2 + q_1 q_2$$
$$\dot{q}_2 = \lambda q_1 - \mu q_2 + (q_1^2 - q_2^2)/2\,,$$

in dem $0 \le \mu \ll 1$ ein Dämpfungsglied ist und λ mit $|\lambda| \ll 1$ eine Frequenzverstimmung beschreibt. Man zeige: Für $\mu = 0$ ist das System Hamiltonsch (man gebe H an). Man zeichne das Phasenportrait dieses Hamiltonschen Systems für $\mu = 0$, $\lambda > 0$ in der (q_1, q_2)-Ebene und bestimme Lage und Natur der kritischen Punkte. Man zeige, daß das entstehende Bild strukturell instabil ist wenn μ nicht mehr Null und positiv ist, indem man die Änderung der kritischen Punkte für $\mu \neq 0$ untersucht.

Lösung: Für $\mu = 0$ ist $\dot{q}_1 = \partial H/\partial q_2$ und $\dot{q}_2 = -\partial H/\partial q_1$, wenn man $H = -\lambda(q_1^2 + q_2^2)/2 + (q_1 q_2^2 - q_1^3/3)/2$ wählt. Die kritischen Punkte (an denen das Hamiltonsche Vektorfeld verschwindet) ergeben sich aus dem Gleichungssystem $-\lambda q_2 + q_1 q_2 = 0$, $\lambda q_1 + (q_1^2 - q_2^2)/2 = 0$. Man findet folgende Lösungen: $P_0 = (q_1 = 0, q_2 = 0)$, $P_{1/2} = (q_1 = \lambda, q_2 = \pm\sqrt{3}\lambda)$, $P_3 = (q_1 = -2\lambda, q_2 = 0)$. Wir linearisieren in der Nähe von P_0 und erhalten $\dot{q}_1 \approx -\lambda q_2$, $\dot{q}_2 \approx \lambda q_1$. P_0 ist also ein Zentrum. Um bei P_1 zu linearisieren, setzen wir $u_1 := q_1 - \lambda$, $u_2 := q_2 - \sqrt{3}\lambda$ und rechnen die Differentialgleichung auf die neuen Variablen um, $\dot{u}_1 = \sqrt{3}\lambda u_1 + u_1 u_2 \approx \sqrt{3}\lambda u_1$, $\dot{u}_2 = 2\lambda u_1 - \sqrt{3}\lambda u_2 + (u_1^2 - u_2^2)/2 \approx 2\lambda u_1 - \sqrt{3}\lambda u_2$. Entlang $u_1 = 0$ läuft der Fluß in P_1 hinein, entlang $u_2 = 0$ dagegen aus P_1 heraus. P_1 ist also ein Sattelpunkt, ebenso wie P_2 und P_3. Man bestätigt leicht, daß diese drei Punkte zur selben Energie $E = H(P_i) = -2\lambda^3/3$ gehören, und daß je zwei von ihnen durch eine Separatrix verbunden sind: Die Geraden $q_2 = \pm(q_1 + 2\lambda)/\sqrt{3}$ und $q_1 = \lambda$ sind Kurven konstanter Energie $E = -2\lambda^3/3$ und bilden das Dreieck (P_1, P_2, P_3).

Schaltet man nun die Dämpfung vermittels $1 \gg \mu > 0$ ein, so bleibt P_0 Gleichgewichtslage, denn in der Nähe von $(q_1 = 0, q_2 = 0)$ ist

$$\begin{pmatrix} \dot{q}_1 \\ \dot{q}_2 \end{pmatrix} \approx \begin{pmatrix} -\mu & -\lambda \\ \lambda & -\mu \end{pmatrix} \begin{pmatrix} q_1 \\ q_2 \end{pmatrix} \equiv \underset{\sim}{\mathbf{A}} \begin{pmatrix} q_1 \\ q_2 \end{pmatrix} .$$

Aus $\det(x\mathbb{1} - \underset{\sim}{\mathbf{A}}) = 0$ findet man die charakteristischen Exponenten $x_{1/2} = -\mu \pm i\lambda$. P_0 wird also zum Knoten (zur Senke). Die Punkte P_1, P_2 und P_3 sind dagegen keine Gleichgewichtspunkte mehr und ihre Verbindungslinien aufgebrochen.

AUFGABE

6.5 Es sei die Hamiltonfunktion auf $\mathbb{R}^4$

$$H(q_1,q_2,p_1,p_2)=\frac{1}{2}(p_1^2+p_2^2)+\frac{1}{2}(q_1^2+q_2^2)+\frac{1}{3}(q_1^3-q_2^3)$$

vorgegeben. Man zeige, daß dieses System zwei unabhängige Integrale der Bewegung besitzt und skizziere die Struktur des Flusses.

Lösung: Wir schreiben H in zwei äquivalenten Formen,

i) $H=I_1+I_2$ mit $I_1=(p_1^2+q_1^2)/2+q_1^3/3$, $I_2=(p_2^2+q_2^2)/2-q_2^3/3$,
ii) $H=(p_1^2+p_2^2)/2+U(q_1,q_2)$ mit $U=(q_1^2+q_2^2)/2+(q_1^3-q_2^3)/3=(\Sigma^2+\Delta^2)/4+\Sigma^2\Delta/4+\Delta^3/12$, wo $\Sigma:=q_1+q_2$, $\Delta:=q_1-q_2$ sind.

Die Bewegungsgleichungen lauten

$$\dot q_1=p_1\,,\quad \dot q_2=p_2\,,\quad \dot p_1=-q_1-q_1^2\,,\quad \dot p_2=-q_2+q_2^2\,.$$

Die kritischen Punkte dieses Systems sind P_0: $(q_1=0,q_2=0,p_1=0,p_2=0)$, P_1: $(0,1,0,0)$, P_2: $(-1,0,0,0)$ und P_3: $(-1,1,0,0)$. Unabhängige Integrale der Bewegung sind I_1 und I_2, denn man rechnet leicht nach, daß $dI_i/dt=0$, $i=1,2$. Durch die Punkte P_1 und P_2 gehen zwei Äquipotentialflächen (bzw. -linien in der (q_1,q_2)-Ebene), nämlich einmal die Gerade $q_1-q_2=-1$, zum andern die Ellipse $3(q_1+q_2)^2+(q_1-q_2)^2+2(q_1-q_2)-2=0=3\Sigma^2+\Delta^2+2\Delta-2$. In beiden Fällen ist $U=1/6$. Damit läßt sich zum Beispiel die Projektion des Flusses auf die (q_1,q_2)-Ebene skizzieren.

AUFGABE

6.6 Man studiere den Fluß der Bewegungsgleichung $p=\dot q$, $\dot p=q-q^3-p$ und bestimme die Lage und Natur der kritischen Punkte. Zwei von diesen sind Attraktoren, deren Becken man mit Hilfe der Liapunovfunktion

$$V=\frac{1}{2}p^2-\frac{1}{2}q^2+\frac{1}{4}q^4$$

bestimmen soll.

Lösung: Die kritischen Punkte des Systems $\dot q=p$, $\dot p=q-q^3-p$ sind P_0: $(q=0,p=0)$, P_1: $(1,0)$, P_2: $(-1,0)$. Linearisiert man bei P_0, so entsteht

$$\begin{pmatrix}\dot q\\ \dot p\end{pmatrix}\approx\begin{pmatrix}0&1\\1&-1\end{pmatrix}\begin{pmatrix}q\\p\end{pmatrix}=\underset{\sim}{\mathbf{A}}\begin{pmatrix}q\\p\end{pmatrix}\,.$$

Die Eigenwerte von $\underset{\sim}{\mathbf{A}}$ sind $\lambda_{1/2}=(-1\pm\sqrt{5})/2$, d.h. $\lambda_1>0$ und $\lambda_2<0$, P_0 ist also Sattelpunkt. Linearisiert man bei P_1, so kommt mit $u:=q-1$, $v:=p$

$$\begin{pmatrix}\dot u\\ \dot v\end{pmatrix}\approx\begin{pmatrix}0&1\\-2&-1\end{pmatrix}\begin{pmatrix}u\\v\end{pmatrix}\,.$$

Die charakteristischen Exponenten sind jetzt $u_{1/2}=(-1\pm i\sqrt{7})/2$. Dieselben Werte findet man auch, wenn man bei P_2 linearisiert. P_1 und P_2 sind daher Senken.

Die angegebene Liapunovfunktion $V(p,q)$ hat bei P_0 den Wert 0, bei P_1 und P_2 den Wert $-1/4$. Man bestätigt leicht, daß P_1 und P_2 Minima sind, und daß V in einer Umgebung dieser Punkte monoton ansteigt. Zum Beispiel in der Nähe von P_1 setze man $u := q-1$, $v := p$. Dann ist $\Phi_1(u,v) := V(q=u+1, p=v) + 1/4 = v^2/2 + u^2 + u^3 + u^4/4$. Bei P_1 ist $\Phi_1(0,0) = 0$, in einer Umgebung von P_1 ist Φ_1 positiv. Entlang von Lösungskurven nimmt $V(p,q)$ bzw. $\Phi_1(u,v)$ monoton ab. Wir rechnen dies für V nach:

$$\frac{dV}{dt} = \frac{\partial V}{\partial p}\dot{p} + \frac{\partial V}{\partial q}\dot{q} = \frac{\partial V}{\partial p}(q - q^3 - p) + \frac{\partial V}{\partial q}p = -p^2 .$$

Um festzustellen, in welche der beiden Senken eine vorgegebene Anfangskonfiguration läuft, berechnet man die beiden Separatrices, die in P_0 enden. Diese bilden die Ränder der Becken von P_1 und von P_2, die in Abb. 6.2 weiß bzw. gepunktet eingezeichnet sind.

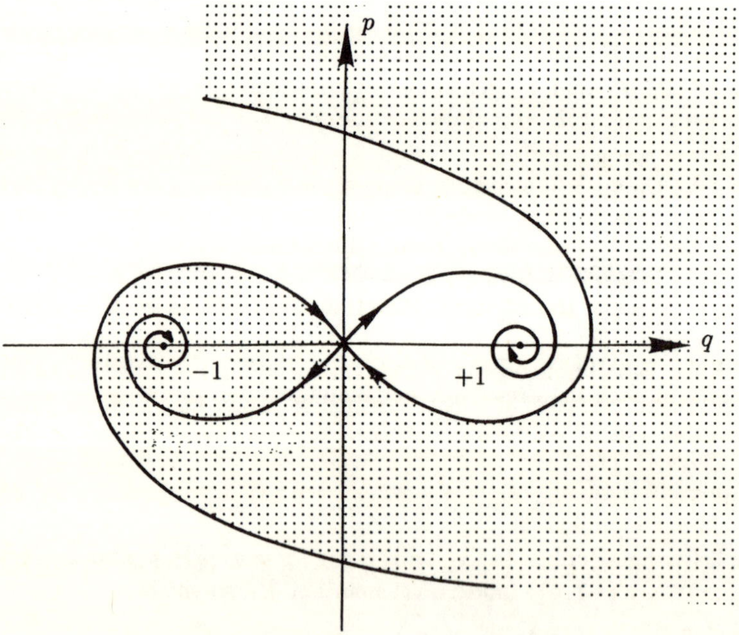

Abb. 6.2

AUFGABE

6.7 Dynamische Systeme vom Typus

$$\dot{\boldsymbol{x}} = -\frac{\partial U}{\partial \boldsymbol{x}} \equiv -U_{,\boldsymbol{x}}$$

nennt man Gradientenflüsse. Ihre Flüsse sind von denen der kanonischen Systeme recht verschieden. Man zeige (unter Verwendung einer Liapunovfunktion): Hat

U bei $\boldsymbol{x}_0$ ein isoliertes Minimum, so ist $\boldsymbol{x}_0$ eine asymptotisch stabile Gleichgewichtslage. Man studiere das Beispiel

$$\dot{x}_1 = -2x_1(x_1 - 1)(2x_1 - 1)\,, \quad \dot{x}_2 = -2x_2\,.$$

Lösung: Da $\underset{\sim}{x}_0$ isoliertes Minimum sein soll, bietet sich als Liapunovfunktion die folgende an: $V(\underset{\sim}{x}) := U(\underset{\sim}{x}) - U(\underset{\sim}{x}_0)$. In einer gewissen Umgebung M von $\underset{\sim}{x}_0$ ist $V(\underset{\sim}{x})$ positiv semidefinit, und es gilt

$$\frac{d}{dt}V(\underset{\sim}{x}) = \sum_{i=1}^{n} \frac{\partial V}{\partial x_i}\dot{x}_i = -\sum_{i=1}^{n}\left(\frac{\partial U}{\partial x_i}\right)^2 .$$

Entlang der Lösungskurve in $M - \{\underset{\sim}{x}_0\}$ nimmt $V(\underset{\sim}{x})$ ab, die Lösungskurven laufen sämtlich „nach innen" auf $\underset{\sim}{x}_0$ zu. Dieser Punkt ist asymptotisch stabil.

Im Beispiel ist $U(x_1, x_2) = x_1^2(x_1 - 1)^2 + x_2^2$. Sowohl der Punkt $\underset{\sim}{x}_0 = (0,0)$ als auch der Punkt $\underset{\sim}{x}_0' = (1,0)$ sind isolierte Minima und somit asymptotisch stabile Gleichgewichtslagen.

AUFGABE

6.8 Man betrachte die Bewegungsgleichung

$$\dot{q} = p\,, \quad \dot{p} = \frac{1}{2}(1 - q^2)$$

eines Systems mit $f = 1$. Man skizziere das Phasenportrait typischer Lösungen zu fester Energie und untersuche die kritischen Punkte.

Lösung: Dieses System ist Hamiltonsch. Eine Hamiltonfunktion ist $H = p^2/2 + q(q^2 - 3)/6$. Man erhält die Phasenportraits, wenn man die Kurven $H(q,p) = E = \text{const.}$ zeichnet. Das Hamiltonsche Vektorfeld $\underset{\sim}{v}_H = (p, (1 - q^2)/2)$ hat zwei kritische Punkte, deren Natur man leicht identifiziert, wenn man in ihrer Nähe linearisiert. Man findet:

P_1: $(q = -1, p = 0)$ und mit $u := q + 1$; $v := p$: $(\dot{u} \approx v, \dot{v} \approx u)$. P_1 ist demnach ein Sattelpunkt.

P_2: $(q = 1, p = 0)$, $u := q - 1$, $v := p$: $(\dot{u} \approx v, \dot{v} \approx -u)$, d. h. P_2 ist ein Zentrum.

In der Nähe von P_2 treten harmonische Schwingungen mit der Periode 2π auf (s. auch Aufg. 5.15).

AUFGABE

6.9 Man bestimme numerisch die Lösungen $q(t)$ der Van der Poolschen Gleichung (M6.36) für Anfangsbedingungen nahe bei $(0,0)$ für verschiedene Werte von ε im halboffenen Intervall $0 < \varepsilon \leq 0{,}4$ und zeichne $q(t)$ als Funktion der Zeit wie in Abb. (M6.7). Aus der Abbildung läßt sich empirisch bestimmen, in welcher Weise die Bahn auf den Attraktor läuft.

Lösung: Die Differentialgleichung $\ddot{q} = f(q, \dot{q})$ mit $f(q, \dot{q}) = -q + (\varepsilon - q^2)\dot{q}$ löst man numerisch mit Hilfe des Runge-Kutta-Verfahrens (A.3) aus Anhang A.3, hier also

$$q_{n+1} = q_n + h(\dot{q}_n + \frac{1}{6}(k_1 + k_2 + k_3)) + O(h^5)$$
$$\dot{q}_{n+1} = \dot{q}_n + \frac{1}{6}(k_1 + 2k_2 + 2k_3 + k_4)\,,$$

wobei h die Schrittweite in der Zeitvariablen ist und die Hilfsgrößen k_i wie in (A.3-A.3) definiert sind,

$$k_1 = hf(q_n, \dot{q}_n)\,,$$
$$k_2 = hf(q_n + \frac{h}{2}\dot{q}_n + \frac{h}{8}k_1, \dot{q}_n + \frac{1}{2}k_1)\,,$$
$$k_3 = hf(q_n + \frac{h}{2}\dot{q}_n + \frac{h}{8}k_1, \dot{q}_n + \frac{1}{2}k_2)\,,$$
$$k_4 = hf(q_n + h\dot{q}_n + \frac{h}{2}k_3, \dot{q}_n + k_3)\,.$$

Die dimensionslose Zeitvariable $\tau = \omega t$ läßt man mit Schrittweiten von 0,1, 0,05 oder 0,01 vom Startwert 0 bis 6π oder mehr laufen. Es entstehen Bilder von der Art der in den Abbildungen M6.6–M6.8 gezeigten. Verfolgt man die Entstehung der Bahnkurven auf dem Bildschirm, so sieht man, daß sie alle sehr rasch auf den Attraktor zulaufen.

AUFGABE

6.10 Als Transversalschnitt für das System (M6.36), Abb. (M6.7), sei die Gerade $p = q$ gewählt. Man bestimme numerisch die Folge der Schnittpunkte mit der Bahnkurve zur Anfangsbedingung (0,01; 0) und zeichne das Ergebnis als Funktion der Zeit.

Lösung: Mit demselben Programm wie in Augf. 6.9 läßt man sich jedes Mal, wenn die Bahnkurve zur gegebenen Anfangsbedingung die Achse $p = q$ schneidet, die Zeit τ und den Abstand d zum Ursprung ausdrucken. Man findet folgendes Ergebnis:

$p = q > 0$:	τ	5,46	11,87	18,26	24,54	30,80	37,13	43,47
	d	0,034	0,121	0,414	1,018	1,334	1,375	1,378
$p = q < 0$:	τ	2,25	8,66	15,07	21,24	27,66	33,96	40,30
	d	0,018	0,064	0,227	0,701	1,238	1,366	1,378

Trägt man $\ln d$ über τ auf, so sieht man, daß $\ln d$ zunächst genähert linear (mit der Steigung $\approx 0{,}1$) anwächst, bis der Attraktor erreicht ist. Der Schnittpunkt der Bahnkurve mit der Geraden $p = q$ wandert also (genähert) exponentiell auf den Attraktor zu. Ein ähnliches Resultat findet man für Bahnen, die sich dem Attraktor von außen nähern.

AUFGABE

6.11 Das System im $\mathbb{R}^2$

$$\dot{x}_1 = x_1\,, \quad \dot{x}_2 = -x_2 + x_1^2$$

hat bei $x_1 = 0 = x_2$ einen kritischen Punkt. Man zeige, daß das linearisierte System die Gerade $x_1 = 0$ und die Gerade $x_2 = 0$ als stabile bzw. instabile Untermannigfaltigkeiten besitzt. Man finde die entsprechenden Mannigfaltigkeiten für das exakte System auf, indem man dieses integriert.

Lösung: Die Bewegungsmannigfaltigkeit dieses Systems ist der $\mathbb{R}^2$. Für das linearisierte System $(\dot{x}_1 = x_1, \dot{x}_2 \approx -x_2)$ ist die Gerade $U_{\text{stab}} = (x_1 = 0, x_2)$ eine stabile Untermannigfaltigkeit, denn das Geschwindigkeitsfeld ist auf die Gleichgewichtslage $(0,0)$ hin gerichtet, der charakteristische Exponent ist -1. Die Gerade $U_{\text{inst}} = (x_1, x_2 = 0)$ ist dagegen eine instabile Untermannigfaltigkeit, denn das Geschwindigkeitsfeld ist von $(0,0)$ weg gerichtet, der charakteristische Exponent ist $+1$. Das volle System läßt sich umformen in $\ddot{x}_2 - \dot{x}_2 - 2x_2 = 0$, $x_1^2 = x_2 + \dot{x}_2$ und hat daher die Lösungsschar $x_2(t) = a\exp(2t) + b\exp(-t)$, $x_1(t) = \sqrt{3a}\exp t$, bzw.

$$x_2 = \frac{1}{3}x_1^2 + b\sqrt{3a}\frac{1}{x_1} \equiv \frac{1}{3}x_1^2 + \frac{c}{x_1}\,.$$

Aus dieser Schar geht diejenige Kurve mit $c = 0$ durch den kritischen Punkt $(0,0)$ und ist dort Tangente an U_{inst}. Auf dieser Untermannigfaltigkeit $V_{\text{inst}} = (x_1, x_2 = x_1^2/3)$ läuft das Geschwindigkeitsfeld von $(0,0)$ weg.

Die entsprechende stabile Untermannigfaltigkeit des vollen Systems fällt mit U_{stab} zusammen, denn mit $a = 0$ ist $x_1(t) = 0$, $x_2(t) = b\exp(-t)$, d.h. $V_{\text{stab}} = (x_1 = 0, x_2)$.

AUFGABE

6.12 Ein dynamisches System auf dem $\mathbb{R}^n$, das nur von einem Parameter μ abhängt, möge bei $(\underset{\sim}{x}_0, \mu_0)$ die Bedingung (M6.52) erfüllen. Man zeige, daß die Beispiele (M6.54)-(M6.56) und die entsprechenden unterkritischen Fälle wirklich typisch sind, indem man $\underset{\sim}{F}(\mu, \underset{\sim}{x})$ um $\underset{\sim}{x}_0$ nach Taylor entwickelt.

Lösung: Die Bedingung sagt aus, daß die Matrix $\underset{\sim}{D}\underset{\sim}{F} = \{\partial F_i/\partial x_k\}$ an der Stelle $(\mu_0, \underset{\sim}{x}_0)$ (mindestens) einen Eigenwert gleich Null hat. Ohne Einschränkung kann man μ_0 nach 0, $\underset{\sim}{x}_0$ nach $\underset{\sim}{0}$ legen. Diagonalisiert man die Matrix $\underset{\sim}{D}\underset{\sim}{F}$, so hat sie in den neuen Koordinaten die Form (M6.52), es ist $\partial F_1/\partial x_k|_{(0,0)} = 0 = \partial F_k/\partial x_1|_{(0,0)}$, $k = 1, \ldots, n$, und außerdem $F_k(0,0) = 0$. Faßt man $\underset{\sim}{F}$ als Vektorfeld über dem Raum $\mathbb{R} \times \mathbb{R}^n$ der Punkte $(\mu, \underset{\sim}{x})$ auf, so hat man $\dot{\underset{\sim}{x}} = \underset{\sim}{F}(\mu, \underset{\sim}{x})$, $\dot{\mu} = 0$. Die Taylorentwicklung von F_1 um die Stelle $(0,0)$ bis zu Termen der Ordnung x_k^3 und linear in μ gibt nach geeeigneter Umdefinition des Kontrollparameters und von x_1 die angebenene Formen (i) $\dot{x}_1 = \mu \pm x_1^2$, (ii) $\dot{x}_1 = \mu x_1 \pm x_1^2$ und (iii) $\dot{x}_1 = \mu x_1 \pm x_1^3$.

Eine vollständige Analyse dieses Linearisierungsproblems ist erheblich komplizierter, vgl. [7, Abschn. 3.3].

AUFGABE

6.13 Man betrachte die Abbildung $x_{i+1} = f(x_i)$ mit $f(x) = 1 - 2x^2$. Man setze

$$u := \frac{4}{\pi} \arcsin \sqrt{\frac{x+1}{2}} - 1$$

und zeige mit Hilfe dieser Substitution, daß es keine stabilen Fixpunkte gibt. Man iteriere numerisch die Gleichung 50 000 Mal für beliebige Anfangswerte $x_1 \neq 0$ und zeichne das Histogramm der Punkte, die in einem der Intervalle

$$\left[\frac{n}{100}, \frac{n+1}{100}\right]$$

mit $n = -100, -99, \ldots, +99$ landen. Man verfolge das Schicksal von zwei eng benachbarten Startwerten x_1, x'_1 und prüfe nach, daß sie im Laufe der Iteration auseinanderlaufen. (Diskussion, s. [5])

Lösung: Es ist $x_{n+1} = 1 - 2x_n^2$ und $y_i = 4/\pi \arcsin \sqrt{(x_i+1)/2} - 1$. Für $-1 \leq x_i \leq 0$ ist auch $-1 \leq y_i \leq 0$, und für $0 \leq x_i \leq 1$ gilt $0 \leq y_i \leq 1$. Wir wollen wissen, wie y_{n+1} mit y_n zusammenhängt. Zunächst gilt für den Zusammenhang $x_n \to y_{n+1}$: $y_{n+1} = 4/\pi \arcsin(1 - x_n^2)^{1/2} - 1$. Mit Hilfe des Additionstheorems $\arcsin u + \arcsin v = \arcsin(u\sqrt{1-v^2} + v\sqrt{1-u^2})$ und mit $u = v = (1+x)/2$ zeigt man, daß

$$\arcsin \sqrt{1-x^2} = 2 \arcsin \sqrt{\frac{x+1}{2}} \quad \text{für } -1 \leq x \leq 0,$$

$$\arcsin \sqrt{1-x^2} = \pi - 2 \arcsin \sqrt{\frac{x+1}{2}} \quad \text{für } 0 \leq x \leq 1$$

gilt. Im ersten Fall ist $y_n \leq 0$ und $y_{n+1} = 1 + 2y_n$, im zweiten ist $y_n \geq 0$ und $y_{n+1} = 1 - 2y_n$. Das läßt sich zusammenfassen zu $y_{n+1} = 1 - 2|y_n|$. Die Ableitung dieser iterativen Abbildung ist ± 2, dem Betrage nach also größer als 1. Es gibt keine stabilen Fixpunkte.

AUFGABE

6.14 Man studiere den Fluß des Rösslerschen Modells

$$\dot{x} = -y - z\,, \quad \dot{y} = x + ay\,, \quad \dot{z} = b + xz - cz$$

für $a = b = 0{,}2$, $c = 5{,}7$ durch numerische Integration. Interessant sind die Graphen von x, y, z als Funktion der Zeit sowie die Projektion der Bahnen auf die (x, y)-Ebene. Man betrachte die Poincaréabbildung für den Transversalschnitt $y + z = 0$. Dort hat x ein Extremum, da $\dot{x} = 0$. Man trage das Extremum x_{i+1} als Funktion des vorhergehenden Extremums x_i auf (siehe [3] und dort zitierte Literatur).

AUFGABE

6.15 Eine größere Übungsarbeit, die sehr zu empfehlen ist, ist das Studium des Hénonschen Attraktors. Sie gibt einen guten Einblick in chaotisches Verhalten und in Empfindlichkeit auf Anfangsbedingungen. Siehe [3], Abschn. 3.2, sowie die Übung 10 aus Abschn. 2.6 von [6].

AUFGABE

6.16 Man zeige, daß

$$\sum_{\sigma=1}^{n} \exp\left(i\frac{2\pi}{n}\sigma m\right) = n\delta_{m0}\,, \qquad (m = 0, \ldots, n-1)$$

gilt. Damit beweise man (M6.63), (M6.65) und (M6.66).

Lösung: Ist beispielsweise $m = 1$, so sind $z_\sigma := \exp(i2\pi\sigma/n)$ die Wurzeln der Gleichung $z^n - 1 = (z-z_1)(z-z_2)\cdots(z-z_n) = 0$. In der komplexen Zahlenebene liegen sie auf dem Einheitskreis, und zwei benachbarte Wurzeln werden durch den Winkel $2\pi/n$ getrennt. Entwickelt man das Produkt $(z-z_1)(z-z_2)\cdots(z-z_n) = z^n - z\sum_{\sigma=1}^{n} z_\sigma + \cdots$, so sieht man, daß $\sum_{\sigma=1}^{n} z_\sigma = 0$ ist, wie behauptet. Für die anderen Werte $m = 2, \ldots, n-1$ werden die Wurzeln lediglich anders durchnumeriert, die Aussage bleibt dieselbe. Für $m = 0$ oder n dagegen ist die Summe $\sum_{\sigma=1}^{n} = n$. Multipliziert man $\tilde{x}_\sigma = \sum_{\tau=1}^{n} x_\tau \exp(-2i\pi\sigma\tau/n)/\sqrt{n}$ mit $1/\sqrt{n}\exp(2i\pi\sigma\lambda/n)$ und summiert über σ, so kommt

$$\frac{1}{\sqrt{n}}\sum_{\sigma=1}^{n} \tilde{x}_\sigma e^{2i\pi\sigma\lambda/n} = \frac{1}{n}\sum_{\tau=1}^{n} x_\tau \sum_{\sigma=1}^{n} e^{2i\pi\sigma(\tau-\lambda)/n} = \sum_{\tau=1}^{n} x_\tau \delta_{\tau\lambda} = x_\lambda$$

heraus. Man berechnet nun

$$g_\lambda = \frac{1}{n}\sum_{\sigma=1}^{n} x_\sigma x_{\sigma+\lambda} = \frac{1}{n^2}\sum_{\mu,\nu} \tilde{x}_\mu \tilde{x}^*_{n-\nu} \sum_\sigma e^{2i\pi/n(\sigma(\mu+\nu)+\lambda\nu)}\,.$$

Wegen der Orthogonalitätsrelation muß $\mu + \nu = 0 \bmod n$ sein. Wir haben benutzt: $\tilde{x}^*_{n-\nu} = \tilde{x}_\nu$. Außerdem ist $\tilde{x}_{\mu \bmod n} = \tilde{x}_\mu$, und schließlich haben $\tilde{x}_\mu$ und $\tilde{x}_{n-\mu}$ den gleichen Betrag. Damit folgt $g_\lambda = 1/n\sum_{\mu=1}^{n} |\tilde{x}_\mu|^2 \cos(2\pi\lambda\mu/n)$. Die Umkehrung hiervon $|\tilde{x}_\sigma|^2 = \sum_{\lambda=1}^{n} g_\lambda \cos(2\pi\sigma\lambda/n)$, erhält man ebenso.

AUFGABE

6.17 Man zeige: Durch eine lineare Substitution $y = \alpha x + \beta$ kann man das System (M6.67) in die Form $y_{i+1} = 1 - \gamma y_i^2$ überführen. Man bestimme γ als Funktion von μ und zeige, daß y in $(-1, 1]$, γ in $(0, 2]$ liegen. (Siehe auch Aufgabe 6.13.) Man leite die Werte der ersten Verzweigungspunkte (M6.68) und (M6.70) mit Hilfe dieser transformierten Form her.

Lösung: Setzt man $y = \alpha x + \beta$, d. h. $x = y\alpha - \beta/\alpha$, so wird

$$x_{i+1} = \mu x_i(1 - x_i) = \mu \left(\frac{1}{\alpha} y_i - \frac{\beta}{\alpha}\right) \left(1 + \frac{\beta}{\alpha} - \frac{1}{\alpha} y_i\right)$$

zur gewünschten Form $y_{i+1} = 1 - \gamma y_i^2$, wenn die Gleichungen $\alpha + 2\beta = 0$, $\beta(1 - \mu(\alpha + \beta)/\alpha) = 1$ erfüllt sind. Daraus folgt $\alpha = 4/(\mu - 2)$, $\beta = -\alpha/2$ und somit $\gamma = \mu(\mu - 2)/4$. Aus $0 \le \mu < 4$ folgt $0 \le \gamma < 2$. Dann sieht man leicht, daß $y_i \in [-1, +1]$ auf y_{i+1} im selben Intervall abgebildet wird. Es sei $h(y, \gamma) := 1 - \gamma y^2$. Die erste Verzweigung tritt auf, wenn $h(y, \gamma) = y$ und $\partial h(y, \gamma)/\partial y = 1$ ist, d. h. wenn $\gamma_0 = 3/4$, $y_0 = 2/3$ bzw. $\mu_0 = 3/4$, $x_0 = 2/3$ ist. Setze dann $k := h \circ h$, d. h. $k(y, \gamma) = 1 - \gamma(1 - \gamma y^2)^2$. Die zweite Verzweigung tritt bei $\gamma_1 = 5/4$ auf. Das zugehörige y_1 berechnet man aus dem System

$$k(y, \frac{5}{4}) = -\frac{1}{4} + \frac{25}{8} y^2 - \frac{125}{64} y^4 = y \,, \tag{1}$$

$$\frac{\partial k}{\partial y}(y, \frac{5}{4}) = \frac{25}{4} y(1 - \frac{5}{4} y^2) = -1 \,. \tag{2}$$

Kombiniert man diese Gleichungen gemäß $(2) \cdot x - 4 \cdot (1)$, so ergibt sich die quadratische Gleichung

$$y^2 - \frac{12}{25} y - \frac{4}{25} = 0 \,,$$

die als Lösungen $y_{1/2} = 2(1 \pm \sqrt{2})/5$ hat. Aus $\gamma_1 = 5/4$ ergibt sich $\mu_1 = 1 + \sqrt{6}$, mit dessen Hilfe schließlich aus $y_{1/2}$

$$x_{1/2} = \frac{1}{10} \left(4 + \sqrt{6} \pm \left(2\sqrt{3} - \sqrt{2}\right)\right) = 0{,}8499 \text{ bzw. } 0{,}4400$$

folgt.

A. Einige Hinweise zum Rechnereinsatz

Die Menge der im Computer *exakt* darstellbaren Zahlen ist endlich, alle anderen müssen dadurch approximiert werden. Dies ist keineswegs trivial. (Eine mathematisch fundierte Darstellung dieses Problems finden Sie in [9].) Ein wichtiger Aspekt aller numerischen Rechnungen mit dem Computer ist daher die Tatsache, daß

i) die Operationen mit Fehlern behaftet sind,

ii) alle Zahlen nur mit endlicher *relativer* Genauigkeit dargestellt werden können.

Gerade Letzteres hat interessante Konsequenzen. Zum Beispiel haben etwas über 30% der Gleitkommazahlen 1 als führende signifikante Stelle [8], Abschn. 4.2.4.

Bevor Sie darangehen, numerische Rechnungen auszuführen, sollten Sie daher versuchen, ein Gefühl für die Qualität der Rechnerarithmetik zu entwickeln. Programmieren Sie zum Beispiel folgende Funktion:

$$f(x) = \tan \arctan \exp \ln \sqrt{x \cdot x} + 1 .$$

Offensichtlich ist diese Funktion für $x \geq 0$ dieselbe wie $x \mapsto x + 1$. Iterieren Sie diese Funktion mit Startwert 1, also etwa wie in Programm A.1. Andere

Programm A.1: Einfacher Test der Rechnerarithmetik

```
X := 1.0
FOR I := 1 STEP 1 UNTIL 2500 DO
  X := TAN (ATAN (EXP (LOG (SQRT (X * X))))) + 1.0;
WRITE X;
```

interessante Tests sind zum Beispiel der Vergleich von $\sqrt{x} \cdot \sqrt{x}$ mit x für verschiedene Werte von x, oder die Identitäten $\sin^2 x + \cos^2 x = 1$, $\tan x \cdot \cot x = 1$, $\exp \ln x = x$, $\ln \exp x = x$. Interessant ist es auch, eine Funktion mit ihrer Taylorreihe zu vergleichen, etwa

$$\ln(1+x) \simeq x - \frac{x^2}{2} + \frac{x^3}{3} + \ldots \quad \text{für } |x| \ll 1.$$

Systematische Tests und Anleitung zur Programmierung finden Sie in [4].

A.1 Bestimmung von Nullstellen

Es gibt viele Methoden, die Nullstellen einer Funktion $f(x)$ zu bestimmen; erwähnt seien hier nur Regula falsi, das Newtonsche Verfahren und die Bisektion.

- Bei der *Regula falsi* geht man aus von zwei Werten x_a und x_b, die links bzw. rechts der Nullstelle liegen. Man legt eine Gerade durch die Punkte $(x_a, f(x_a))$ und $(x_b, f(x_b))$. Der Schnittpunkt dieser Geraden mit der x -Achse liefert einen neuen Näherungswert für x_0, der je nach Vorzeichen von $f(x_c)$ x_a oder x_b ersetzt.

- Beim Newtonschen Verfahren startet man mit einem Näherungswert x_n für die Nullstelle. Durch den Punkt $(x_n, f(x_n))$ legt man eine Tangente an die Kurve und bestimmt den Schnittpunkt dieser Geraden mit der x-Achse. Dies liefert einen neuen Wert x_{n+1}. Das Verfahren erfordert allerdings die Kenntnis von f'; es ist

$$x_{n+1} = \frac{f(x_n)}{f'(x_n)} .$$

  Notwendig zur Konvergenz ist ferner $|f'(x)| < 1$. Ist dies nicht erfüllt, so muß man die Methode abändern [16, Kap. 5].

- *Bisektion.* Hier geht man wie bei der Regula falsi von zwei Punkten x_a, x_b aus, in denen die Funktion verschiedenes Vorzeichen hat. Man bestimmt $f(x_c)$, mit $x_c = (x_a + x_b)/2$, und ersetzt den entsprechenden Punkt x_a oder x_b durch x_c. Da die Länge des Intervalls in jedem Schritt halbiert wird, kann man auch gleich angeben, wie groß der Fehler ist (sog. a priori Fehlerabschätzung).

Als Beispiel wählen wir die Gleichung $f(x) := x^2 - a = 0$. Die Nullstellen sind offensichtlich $+\sqrt{a}$ und $-\sqrt{a}$. Wir beschränken uns auf den Fall positiver Lösungen. Für das Newtonsche Verfahren erhalten wir: $f'(x) = 2x$, d. h.

$$x_{n+1} = \frac{1}{2}\left(x_n + \frac{a}{x_n}\right) .$$

Gewöhnlich genügen einige wenige Iterationen.

Überprüfen Sie die Konvergenz für verschiedene Werte $1 < a < 2$, indem Sie mit $x_0 = 1$ starten. Testen Sie dann die Fälle $a \ll 1$ und $a \gg 1$, indem Sie mit verschiedenen Werten x_0 beginnen. Anmerkung: Dies ist das wohl einfachste und schnellste Verfahren zur Berechnung der Wurzelfunktion [4].

A.2 Zufallszahlen

Was man „mit dem Computer erzeugte Zufallszahlen“ nennt, ist natürlich nicht wirklich zufällig. „Zufall“ bezieht sich eigentlich darauf, daß es

i) keine Korrelation zwischen der Erzeugung der Zahlen und ihrem Gebrauch gibt,

ii) die Verteilung dieser Zahlen statistisch ist.

Fast jeder Rechner ist heute mit einem Programm ausgestattet, das angeblich solche Zufallszahlen erzeugt. Leider zeigt die Erfahrung, daß die Voraussetzung (2) nur in wenigen Fällen erfüllt ist. Daher unser Rat: Benutzen Sie auf keinen Fall mitgelieferte Zufallszahlengeneratoren! Schreiben Sie ein eigenes Programm! Wir geben hier einen einfachen Algorithmus an, der nach der Methode der linearen Kongruenz arbeitet, und der vor allem den Tests standhält (Programm A.2). Ansonsten verweisen wir auf die einschlägige Literatur [10, 8].

Programm A.2: Ein einfacher Zufallszahlengenerator

```
COMMENT
  Die Prozedur RANDOM liefert bei jedem Aufruf eine Zufallszahl.
  Diese Zufallszahlen sind gleichmäßig im Intervall (0,1)
  verteilt.
  Bemerkung: Die Prozedur REMAINDER berechnet den Rest einer
             Division;
RANDOMSTATE := 100001;
PROCEDURE RANDOM ();
  BEGIN
    RANDOMSTATE :=
      REMAINDER (RANDOMSTATE * 31159269, 2147483647);
    RETURN (FLOAT (RANDOMSTATE) / 2147483647.0);
  END;
```

A.3 Numerische Integration gewöhnlicher Differentialgleichungen

Wir wollen hier nur Differentialgleichungen vom Typ

$$y' = f(x,y)\,, \quad y(x_0) = y_0 \tag{A.1}$$

betrachten. Die einfachste Lösungsmethode ist das Eulerverfahren. Dabei approximiert man die Lösungskurve durch Geradenstücke, und zwar durch kleine Tangentenstücke. Wir wählen dazu eine Schrittweite h, sodaß $x_{n+1} = x_n + h$, und bestimmen die Steigung im Punkt (x_n, y_n) zu $z_n = f(x_n, y_n)$. Folgen wir dieser Tangente bis zum Punkt (x_{n+1}, y_{n+1}), so ergibt sich für y_{n+1}

$$z_n = \frac{y_{n+1} - y_n}{x_{n+1} - x_n}\,, \quad \text{oder} \quad y_{n+1} = y_n + hz_n = y_n + hf(x_n, y_n)\,.$$

Man kann zeigen, daß der Fehler in einem Schritt proportional von der Ordnung $O(h^2)$ ist. Dies nennt man ein Verfahren erster Ordnung. (Allgemein ist ein Verfahren von n-ter Ordnung, wenn der Fehler von der Ordnung $O(h^{n+1})$

ist.) Der Nachteil dieser Methode ist, daß sie nicht sehr stabil ist. Das bedeutet, daß kleine Fehler (z. B. durch Rundung) sich nach einigen Schritten zu sehr großen Abweichungen aufschaukeln können. Auch gibt es andere Verfahren, die mit vergleichbarem Rechenaufwand bessere Ergebnisse liefern. Man kann zum Beispiel das Eulerverfahren wie folgt modifizieren: zunächst wird wie beim Eulerverfahren die Steigung im Punkt (x_n, y_n) bestimmt, dann geht man aber nur um $h/2$ vorwärts, und verwendet die Werte von x und y an dieser Stelle:

$$k_{n,1} = hf(x_n, y_n)\,, \quad k_{n,2} = hf(x_n + \frac{1}{2}h, y_n + \frac{1}{2}k_{n,1})\,, \quad y_{n+1} = y_n + k_{n,2}\,.$$

Diese Methode ist von zweiter Ordnung. Noch besser ist das Runge-Kutta-Verfahren vierter Ordnung (1895 entwickelt):

$$\begin{aligned} k_{n,1} &= hf(x_n, y_n) \\ k_{n,2} &= hf(x_n + \frac{1}{2}h, y_n + \frac{1}{2}k_{n,1}) \\ k_{n,3} &= hf(x_n + \frac{1}{2}h, y_n + \frac{1}{2}k_{n,2}) \\ k_{n,4} &= hf(x_n + h, y_n + k_{n,3}) \\ y_{n+1} &= y_n + \frac{1}{6}(k_{n,1} + 2k_{n,2} + 2k_{n,3} + k_{n,4})\,. \end{aligned} \tag{A.2}$$

Ein Beispiel für ein Programm möge A.3 dienen.

Programm A.3: Runge-Kutta Verfahren vierter Ordnung

```
COMMENT
  Die Differentialgleichung Y' = F(X,Y) soll mit der
  Anfangsbedingung Y(X0) = Y0 integriert werden, und zwar
  in N Schritten bis zum Wert X = X1;
XN := X0;
YN := Y0;
H := (X1 - X0) / N;
FOR I := 1 STEP 1 UNTIL N DO
  BEGIN
    K1 := H * F(XN,YN);
    K2 := H * F(XN + H/2, YN + K1/2);
    K3 := H * F(XN + H/2, YN + K2/2);
    K4 := H * F(XN + H, YN + H);
    XN := XN + H;
    YN := YN + (K1 + 2 * K2 + 2 * K3 + K4)/6;
    WRITE "Y(",XN,") = ",YN;
  END;
```

All diese Verfahren lassen sich sofort auf Systeme von Differentialgleichungen erster Ordnung übertragen, indem man sie als Vektorgleichungen liest. Da jede

Differentialgleichung n-ter Ordnung als ein System von n Differentialgleichungen erster Ordnung geschrieben werden kann [17, 7.0], haben wir damit auch Verfahren für Differentialgleichungen höherer Ordnung zur Verfügung. Man kann allerdings die Methode von Runge und Kutta auch direkt übertragen, zum Beispiel auf Differentialgleichungen zweiter Ordnung der Form $y'' = f(x, y, y')$. Seien $y(x_0) = y_0$ und $y'(x_0) = y'_0$ die Anfangsbedingungen, so hat man [2, 25.5.20]:

$$\begin{aligned}
k_{n,1} &= hf(x_n, y_n, y'_n) \\
k_{n,2} &= hf(x_n + \frac{h}{2}, y_n + \frac{h}{2}y'_n + \frac{h}{8}k_{n,1}, y'_n + \frac{1}{2}k_{n,1}) \\
k_{n,3} &= hf(x_n + \frac{h}{2}, y_n + \frac{h}{2}y'_n + \frac{h}{8}k_{n,1}, y'_n + \frac{1}{2}k_{n,2}) \\
k_{n,4} &= hf(x_n + \frac{h}{2}, y_n + hy'_n + \frac{h}{2}k_{n,3}, y'_n + k_{n,3}) \\
y_{n+1} &= y_n + hy'_n + \frac{h}{6}(k_{n,1} + k_{n,2} + k_{n,3}) \\
y'_{n+1} &= y'_n + \frac{1}{6}(k_{n,1} + 2k_{n,2} + 2k_{n,3} + k_{n,4}) \,.
\end{aligned} \tag{A.3}$$

A.4 Numerische Auswertung von Integralen

Sei $f(x)$ eine Funktion, deren Integral numerisch zu bestimmen ist. Sei $y = F(x)$ die zugehörige Stammfunktion, also $F' = f$. y muß also die Differentialgleichung $y' = f(x)$ erfüllen, die ein Spezialfall der Gleichung (A.1) ist. Die Methoden des letzten Abschnitts lassen sich damit direkt auf die numerische Bestimmung von Integralen übertragen: Das Eulerverfahren entspricht der Approximation von $y(x)$ mittels Trapezsummen, das modifizierte Eulerverfahren der sogenannten *midpoint-rule* und das Verfahren von Runge-Kutta der Simpsonregel. Des weiteren verweisen wir auf die einschlägige Literatur [2, 10, 16].

Literatur

[1] Abraham, R., Marsden, J.E.: *Foundations of Mechanics*, The Mathematical Physics Monograph Series, revised ed. (W. A. Benjamin, New York, 1979).

[2] Abramowitz, M., Stegun, I.A. (Hrsg.): *Handbook of Mathematical Functions With Formulas, Graphs, and Mathematical Tables* (National Bureau of Standards, Washington, D.C. 1964)

[3] Bergé, P., Pomeau, Y., Vidal, Ch.: *Order within Chaos/ Towards a Deterministic Approach to Turbulence* (Wiley, New York 1986); französ. Originalausgabe (Hermann, Paris 1984)

[4] Cody, W.J., Waite, W.: *Software Manual for the Elementary Functions*, Prentice-Hall Series in Computational Mathematics (Prentice-Hall, Englewood Cliffs 1970)

[5] Collet, P., Eckmann, J.P.: *Iterated Maps on the Interval as Dynamical Systems* (Birkhäuser, Boston 1980)

[6] Devaney, R.L.: *An Introduction to Chaotic Dynamical Systems* (Benjamin Cummings, Reading 1986)

[7] Guckenheimer, J., Holmes, Ph.: *Nonlinear Oszillations, Dynamical Systems, and Bifurcations of Vector Fields* (Springer, Berlin, Heidelberg 1983)

[8] Knuth, D.E.: *The Art of Computer Programming, Vol. II, Seminumerical Algorithms* (Addison-Wesley, Reading, Massachusetts, second ed. 1981)

[9] Kulisch, U.: *Grundlagen des numerischen Rechnens: mathematische Begründung der Rechnerarithmetik* (Bibligraphisches Institut, Mannheim, Wien, Zürich 1976)

[10] Press, W.H., Flannery, B.P., Teukolsky, S.A., Vetterling, W.T.: *Numerical Recipes/ The Art of Scientific Computing* (Cambridge University Press, Cambridge 1986)

[11] Rottmann, K.: *Mathematische Formelsammlung* (Bibligraphisches Institut, Mannheim 1960)

[12] Scheck, F.: *Mechanik/ Von den Newtonschen Gesetzen zum deterministischen Chaos* (Springer, Berlin, Heidelberg 1988)

[13] Schmid, E.W., Spitz, G., Lösch, W.: *Theoretische Physik mit dem Personal Computer* (Springer, Berlin, Heidelberg 1987)

[14] Sexl, R.U., Urbantke, H.K.: *Relativität, Gruppen, Teilchen* (Springer, Wien, New York 1976)

[15] Stauffer, D., Hehl, F.W., Winkelmann,V., Zabolitzky, J.G.: *Computer Simulations and Computer Algebra* (Springer, Berlin, Heidelberg 1988)

[16] Stoer, J.: *Einführung in die Numerische Mathematik I* (Springer, Berlin, Heidelberg 1983)

[17] Stoer, J., Bulirsch, R.: *Einführung in die Numerische Mathematik II* (Springer, Berlin, Heidelberg 1978)

Korrigenda zu: „Mechanik“

S. 19 10. Zeile: einfügen: $\mathcal{F} =$

S. 32 Legende zu Abb. 1.19: ergänzen: voraus“. Für den Parameter (1.70) ist $b = 1{,}5$ gewählt.

S. 86 1. Zeile nach Gl. (2.106a): $p_i = \partial \Phi / \partial q_i$

S. 89 1. und 6. Zeile von unten: ersetzen: $(-)^f$ durch $(-)^{[f/2]}$

S. 90 5. Zeile: ersetzen: $(-)^f$ durch $(-)^{[f/2]}$

S. 132 Legende zu Abb. 3.20: ersetzen: Abbildungenachse, durch: Figurenachse

S. 138 Gl. (3.99): $\dot{\Phi} = \dfrac{L_3 - \bar{L}_3 \cos\theta}{I_1' \sin^2\theta}$

S. 157 Zeile über Abschn. 4.3.2: $a = \gamma^2/(\gamma + 1)$

S. 193 2 Zeilen über Abschn. 5.3.3: ... v aus T_pM läßt sich...

S. 221 3. Zeile von unten: zweimal: L_X

S. 222 2 Zeilen über Abschn. 5.5.6: $d(\omega(X_H, \cdot)) = d \circ dH = 0$

S. 230 3.Zeile unter Gl. (5.108a): $\sum \dot{q}_i \, \partial L / \partial \dot{q}_i$

S. 247 Legende zu Abb. 6.3: ergänzen: Kurve A: $\gamma = 0$; B: $\gamma = 0{,}15\omega$; C: $\gamma = -0{,}15\omega$.

S. 248 vorletzter Abschnitt: zweimal: Abschn. 6.1.3

S. 251 letzte Zeile vor Abschn. 6.2: ..., aber nicht asymptotisch stabil bzw. Liapunov-stabil im Sinne von St 3), S. 255, sind.

S. 253 2. Zeile von unten: ersetzen: Einfluß, durch: Fluß

S. 254 Gl. (6.46): $\|m_B^0 - m_A^0\| < \delta \quad (t = 0)$.

S. 260 3. Absatz: ..., indem man nach dem Bild ...

S. 262 3. Zeile unter Gl. (6.46): $\Big|_{r_0 = \sqrt{\mu}}$

S. 271 Gl. (6.63): $\sum\limits_{\sigma=1}^{n}$

S. 278 16. Zeile: Es ist dann nach Gl. (1.19)

S. 279 5. Textzeile von unten: ... durch den Punkt P, das Perisaturnion, und durch den Punkt A, das Aposaturnion, wie mit, ...

S. 279 Legende zu Abb. 6.26: … des Durchgangs bei P oder A, dem Punkt größter Annäherung an bzw. größter Ferne von Saturn.

S. 283 Zuordnungspfeile $\mapsto$ in $f\colon A \to B\colon a \mapsto b$, usw. einfügen.

Druckfehler in den Aufgabentexten: siehe die Texte oben.